科学新悦读文丛

$y = mx + c$

Algebra to C

Unlocking Math's An

奇妙数学史

从代数到微积分

[英] 迈克·戈德史密斯 （Mike Goldsmith）著

张诚 梁超 王林 译

$$x = \frac{-b \pm \sqrt{b^2 - 4ac}}{2a}$$

人民邮电出版社

北京

图书在版编目（C I P）数据

奇妙数学史：从代数到微积分 / （英）迈克·戈德
史密斯（Mike Goldsmith）著；张诚，梁超，王林译
. -- 北京：人民邮电出版社，2020.1
（科学新悦读文丛）
ISBN 978-7-115-52273-3

Ⅰ. ①奇… Ⅱ. ①迈… ②张… ③梁… ④王… Ⅲ.
①数学史—普及读物 Ⅳ. ①O11-49

中国版本图书馆CIP数据核字（2019）第228996号

版 权 声 明

◆ 著　　　 [英]迈克·戈德史密斯（Mike Goldsmith）
　　译　　　 张　诚　梁　超　王　林
　　责任编辑　李　宁
　　责任印制　陈　犇

◆ 人民邮电出版社出版发行　　　北京市丰台区成寿寺路 11 号
　　邮编 100164　 电子邮件 315@ptpress.com.cn
　　网址 http://www.ptpress.com.cn
　　北京九州迅驰传媒文化有限公司印刷

◆ 开本：690 × 970　1/16
　　印张：11.5　　　　　　　　2020 年 1 月第 1 版
　　字数：185 千字　　　　　　 2024 年 11 月北京第 14 次印刷
　　著作权合同登记号　图字：01-2018-3406 号

定价：59.00 元

读者服务热线：(010)81055410　印装质量热线：(010)81055316
反盗版热线：(010)81055315
广告经营许可证：京东市监广登字 20170147 号

图片来源

第4~5页的图片均从正文中来；**Alamy:** AF Fotografe 34, Age Fotostock 169, Artokoloro Quint Lox Ltd 136b, Chronicle 10, 17b, 36, 45, 110cl, 137, Classic Image 126tr, Colport 72, Ian Cook/All Canada Photos 26, Everett Collection Historical 170b, Paul Faern 47, 60t, GB Images 94tr, Interfoto 6c, 22, 53b, 60brb, 123, Sebastian Kaulitzki 128, Lebrecht Music & Arts Photo Library 99, North Wind Picture Archives 48, 116br, Old Paper Studios 78bl, Zev Radovan/Bible Land Pictures 30, Science History Images 7b, 62, 71, 74b, 103b, 125, Alexander Tolstykh 18, Universal Images Group/North America LLC 98bl, World History Archive 112; **Archive:** 83, 90; **CERN:** 164; **Clay Mathematics Institute:** 121trb; **Mary Evans Picture Library:** 42, 116tl, 141b, 158; **NASA:** 134tr; Public Domain: 50, 170t; **Science Photo Library:** Max Alexander/ Trinity College, Oxford 91cr, Professor Peter Goddard 100br; **Shutterstock:** Nata Alhontess 86bc, Radu Bercan 108b, Darsi 154, Paul Fleet 163, Iryna1 118br, Lenscap Photography 173, Zern Liew 663, Makars 69b, Valemtymc Makepiece 31, Marzolino 98tr, Mattes Images 103t, Militarist 156cr, Morphart Collection 44cr, Oksana2010 55, Rasoulati 14, Roman Samokhin 97cr, Sensay 97br, Roman Sotola 121trt, Torook 64t, Tomer Tu 44tl, Urfn 126b, Natalia Vorontsova 142, vrx 133, Waj 15, Igor Zh 21; **The Wellcome Library, London:** 38, 52, 92tl, 102, 111, 122c, 136cl, 167; **Thinkstock:** Baloncici 91br, Bazilfoto 68, Brand X Pictures 54c, Cronislaw 54cr, Tom Cross 115, Digital Vision 54trb, Dorling Kindersley 148, Eurobanks 54trt, iStock 58, 120b, 171b 172, Lilipom 20, Panimoni 23, Photos.com 24 27, 28, 119, 152t, 165, Pure Stock 176, Sashuk9 54bc, Stocktrek 151, Trasja 54brr, Zoonar 54brl; **Wikipedia:** academo 113, 6t, 7t, 9t, 12tr, 12bl, 13, 25, 33, 46, 51, 53t, 57, 59cr, 59b, 60brt, 64b, 65, 66t, 67, 74cl, 76t, 76b, 77, 78bc, 79, 80, 82ct, 82cb, 84, 89bl, 89br, 91t, 92c, 93bl, 93bc, 94tl. 95tr, 95bl, 100tl, 108t, 109, 110tr, 117, 118bl, 122t, 124, 126tc, 130, 134tc, 134b, 138bl, 138br, 140, 141t, 150bl, 150br, 152b, 153, 156tl, 156br, 157, 159, 161, 162t, 162b, 166, 174t, 174b, 175t

bl: 左下；tl: 左上；b: 下；t: 上；
br: 右下；cr: 右中；cl: 左中；
bc: 中下；tr: 右上

目　录

引　言

代数学与微积分在数学里人气寥寥，这么说是毫不夸张的。我们中好多人在最初翻阅数学教科书时，都对着整行整行的文字和符号目瞪口呆。所惊之处，乃是学生问得最多的两个问题。

1. 这都是什么意思？

代数学与微积分都曲高和寡，乏人问津，至少它们的核心是如此。用数字做算术耳熟能详，用图表做几何一目了然，但代数学与微积分跟这些不同，它们大量使用字母和符号的组合，在我们的日常生活中可不多见。

2. 这都是要干嘛？

《成为微积分百万富翁》或者《驾驭代数探索太阳系》，有这样耸人听闻的标题的读物在书架上少之又少。我们即使通读代数学与微积分书上的内容，也不一定能搞懂其用途。本书每章的标题也不像小说的那么引人入胜。积分呀，逆命题呀，因式分解呀，还有微分方程呀，它们可不是让我们迫不及待想读下去的那种妙词儿吧。

谁是代数学的"始者"呀？就是他拉子密，在公元年首先使用了这我们恨他、怨他是也应当敬他、读继续阅读便知分

回答

本书就是要完完整整地回答以上两个

问题，但是现在我们先回答一部分。

在某种意义上，代数学是一种语言，但是跟我们日常所用的文字语言不同。代数学已经经历了几个世纪的演进，只为这个目的：解释，分析，从包括工程、物理和经济在内的生活的方方面面解决疑难问题。当然，我们也可以用文字语言来讨论这些问题，但是用数学语言更精准。代数学的语言比文字语言更确切，微积分的语言亦然。

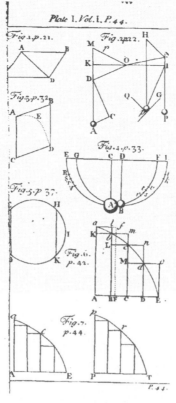

代数学与微积分使我们了解自然变化。

我们可能要回答这样的问题："我想去 1 千米以外的新游泳池游泳，但是得在 2 小时之内回来。那还值得一去吗？"使用代数学的方法，我们可以得到下面这个方程。

$$t_{去程} + t_{更衣} + t_{游泳} + t_{擦干并更衣} + t_{返程} = 2\ 小时$$

面对疑难的方程，我们首先要做的就是化简。假设路上往返花费的时间一样（$t_{去程} = t_{返程}$），要是抓紧点儿，游泳前后更衣的时间也一样（$t_{更衣} = t_{擦干并更衣}$），我们就可以将之简化为

$$2t_{路上} + 2t_{更衣} + t_{游泳} = 2\ 小时$$

首先考虑 $t_{路上}$。如果人每小时走 3 千米，游泳池在 1 千米以外，那么我们就可以解出 $t_{路上}$ 是多少。怎么解？这个嘛，走得越远，时间越长啊。我们可以用代数学的形式将它写成 **路上时间 ∝ 距离**，也就是说"路上时间与距离成正比"。简而言之，我们可以将上面的问题简化为 $t \propto d$。但是，我们要考虑的当然不只是距离，还有速度。走得越快，花费的时间越短。这个写作 $t \propto 1/v$，也就是说"路上时间与速度成反比"。

想想为什么这里写成分数。考虑下面这串分数：**1/2, 1/3, 1/4, 1/5, 1/6**，它们从

高等数学创建虚部来解释当前的时空。

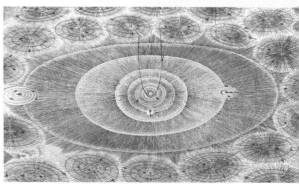

8

代数学和其他所有的数学分支都来源于追寻日常生活中问题的答案。

我们把这些值代入方程 $2t_{路上} + 2t_{更衣} + t_{游泳} = 2$ 小时中，即得 2/3 小时 + 2/4 小时 $+ t_{游泳} = 2$ 小时。

左到右越来越小，因为分数线下面的分母越来越大。也就是说，分数的大小跟分数线下的分母成反比。

因此，我们有：$t \propto d$ 和 $t \propto 1/v$。

因为路上时间仅与这两者有关，所以我们可以将之合并到一个公式里

$$t = d/v$$

已知 $d = 1$ 千米，$v = 3$ 千米 / 小时，可以将之代入公式里。这里的 d 和 v 称为变量，它们可以用数值代入，具体的数值随问题而异。计算可得，$t_{路上} = 1/3$ 小时。如果更衣的时间是一刻钟，那么 $t_{更衣} = 1/4$ 小时。

1 小时的 2/3 是 40 分钟，1 小时的 2/4 就是 1/2 小时，也就是 30 分钟。既然前面的单位都是分钟，我们把 2 小时也换算成分钟，就得到 40 分钟 +30 分钟 $+ t_{游泳}$ =120 分钟，也就是 70 分钟 $+ t_{游泳} = 120$ 分钟。显而易见，$t_{游泳}$ 是 50 分钟，这是两边都减去 70 分钟得来的：70 分钟 –70 分钟 + $t_{游泳} = 120$ 分钟 –70 分钟。

因此，$t_{游泳} = 50$ 分钟。

这就是代数学，解决形形色色问题的神兵利器。日常题目类似上文，更有大矣哉的问题，比如在星星等大质量的物体附近时间会变慢多少。

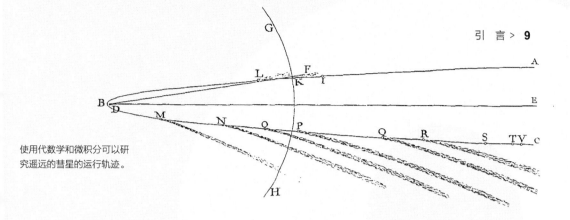

使用代数学和微积分可以研究遥远的彗星的运行轨迹。

$$t_0 = t_f \sqrt{1 - \frac{2GM}{rc^2}}$$

t_0 就是在物体附近测量到的时间，t_f 就是在远处测量到的时间，G 是一个常数（常数就是在计算中保持不变的数），M 是物体的质量，r 是测量 t_0 时到物体的距离，c 是光速。

微积分又是怎么回事？

微积分是科学家、工程师和经济学家把握世界的关键之道。

在上文的例子中，我们得出了在给定速度下到达某处所花费的时间。速度是位移的变化率。

变化乃是自然的内涵。经济、星辰、交通、人口……皆随时间变化，我们需要合适的数学工具来把握它们，这个工具就是微积分。艾萨克·牛顿是微积分的发明者之一，发明它是为了将之当作一种工具，精确地计算行星和彗星的位移、速度以及重力影响下的运行轨迹。

然而，代数学和微积分并非实战的真刀真枪。我们的宇宙与数学以同样的规律运转，冥冥之中无人知晓。数学家定义了许多概念，竟与现实恰巧相合（比如虚数，参见第 **79** 页）。所以说，数学确确实实是我们参透宇宙奥妙的关键。

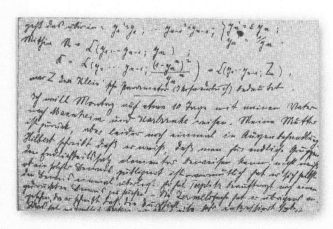

埃米·诺特的明信片上的数学内容展示时空的联结。

代数学的黎明

代数学兴起于约 4000 年前的古巴比伦（位于现今的伊拉克境内）。因为古巴比伦人喜好书记，也因为他们用由砖石陶土做成的碑匾立柱来记录而流传下来，我们才得知这一切。

古巴比伦文字是用一种形状特殊的尖笔刻在润湿的陶土上，然后印出的楔形图案。他们使用的这套书写系统如今被称为楔形文字，在多种文明中传承了千余年。古巴比伦人对文字很上心，现存有超过 50 万块的陶土碑匾。到了 1860 年，人们已经知道许多陶土碑匾上包含数字符号，但是仍未对之产生关注。

古巴比伦以空中花园闻名，如今已经尘归尘土归土。它的数学反而绵延更久。

追溯过往

我们对古巴比伦数学家并不了解，但是有一个人的大名与楔形文字紧密相连，他就是奥地利数学家奥托·诺伊格鲍尔。正是此人解读了陶土上的算式，整合了古巴比伦代数，并在 20 世纪 30 年代和 40 年代以出版图书的方式告诉了人们他的发现。诺伊格鲍尔在德国生活，他的工作备受尊崇，是 1933 年哥廷根数学研究所最杰出的成果。然而，当他被要求宣誓效忠由纳粹党控制的政府之日，

古巴比伦数字

我们使用的是 10 进制系统，也就是说一个四位数比如 2074 表示 2 个千（没有百位数）、7 个十和 4 个一。用 10 进制计数，我们只要用 10 个不同的字符（包括 0）就可以了：0，1，2，3，4，5，6，7，8，9。

数完了这些，我们在数的左边加个 1，再数 10 个数：10，11，12，…，19。

数完了这些，我们增大左边的 1，再数 10 个数：20，21，…

我们推测 10 进制的由来是我们有 10 根手指，如果我们用它们来计数，超过 10 的时候就得用点别的什么东西。

但是，古巴比伦人可没有局限于 10。他们使用 60 进制，不过他们的数字进制系统里没有 0。

他们的数字进制系统是这样子的。

ᵁ	1	⟨ᵁ	11	⟨⟨ᵁ	21	⟨⟨⟨ᵁ	31	ᵁ	41	ᵁ	51
ᵁᵁ	2	⟨ᵁᵁ	12	⟨⟨ᵁᵁ	22	⟨⟨⟨ᵁᵁ	32	ᵁᵁ	42	ᵁᵁ	52
ᵁᵁᵁ	3	⟨ᵁᵁᵁ	13	⟨⟨ᵁᵁᵁ	23	⟨⟨⟨ᵁᵁᵁ	33	ᵁᵁᵁ	43	ᵁᵁᵁ	53
ᵁᵁᵁᵁ	4	⟨ᵁᵁᵁᵁ	14	⟨⟨ᵁᵁᵁᵁ	24	⟨⟨⟨ᵁᵁᵁᵁ	34	ᵁᵁᵁᵁ	44	ᵁᵁᵁᵁ	54
ᵁᵁᵁᵁᵁ	5	⟨ᵁᵁᵁᵁᵁ	15	⟨⟨ᵁᵁᵁᵁᵁ	25	⟨⟨⟨ᵁᵁᵁᵁᵁ	35	ᵁᵁᵁᵁᵁ	45	ᵁᵁᵁᵁᵁ	55
ᵁᵁᵁ/ᵁᵁᵁ	6	⟨ᵁᵁᵁ/ᵁᵁᵁ	16	⟨⟨ᵁᵁᵁ/ᵁᵁᵁ	26	⟨⟨⟨ᵁᵁᵁ/ᵁᵁᵁ	36	ᵁᵁᵁ/ᵁᵁᵁ	46	ᵁᵁᵁ/ᵁᵁᵁ	56
ᵁᵁᵁᵁ/ᵁᵁᵁ	7	⟨ᵁᵁᵁᵁ/ᵁᵁᵁ	17	⟨⟨ᵁᵁᵁᵁ/ᵁᵁᵁ	27	⟨⟨⟨ᵁᵁᵁᵁ/ᵁᵁᵁ	37	ᵁᵁᵁᵁ/ᵁᵁᵁ	47	ᵁᵁᵁᵁ/ᵁᵁᵁ	57
ᵁᵁᵁᵁ/ᵁᵁᵁᵁ	8	⟨ᵁᵁᵁᵁ/ᵁᵁᵁᵁ	18	⟨⟨ᵁᵁᵁᵁ/ᵁᵁᵁᵁ	28	⟨⟨⟨ᵁᵁᵁᵁ/ᵁᵁᵁᵁ	38	ᵁᵁᵁᵁ/ᵁᵁᵁᵁ	48	ᵁᵁᵁᵁ/ᵁᵁᵁᵁ	58
ᵁᵁᵁᵁᵁ/ᵁᵁᵁᵁ	9	⟨ᵁᵁᵁᵁᵁ/ᵁᵁᵁᵁ	19	⟨⟨ᵁᵁᵁᵁᵁ/ᵁᵁᵁᵁ	29	⟨⟨⟨ᵁᵁᵁᵁᵁ/ᵁᵁᵁᵁ	39	ᵁᵁᵁᵁᵁ/ᵁᵁᵁᵁ	49	ᵁᵁᵁᵁᵁ/ᵁᵁᵁᵁ	59
⟨	10	⟨⟨	20	⟨⟨⟨	30	⟨	40	⟨	50		

因为我们的数字进制系统与古巴比伦数字进制系统的渊源，如今，我们仍把 1 小时分成 60 分钟，1 分钟分成 60 秒。

就立刻离职去国，先到丹麦，后到美国，
去研究古巴比伦代数。

古老的代数学

    诺伊格鲍尔挖掘出的代数在某些方面
还是相当先进的。古巴比伦数学家对勾股
定理（参见第 26 页）已经熟稔，还会解
二次方程（参见第 14 页方框），尽管他们
并没有任何形式的数学符号，甚至连等号
都没有。他们的计算都是用文字和数字写
出的，有点像密码。我们现在要想解出数
学问题，可以将公式里的字母替换成适当
的数，然后用计算器进行各种计算。在古

这块古巴比伦楔形文字石板包含
二次方程的 247 个问题。古巴
比伦学生一定视力极佳。

巴比伦可完全不是这样。你可没有笔记簿，
只有一摞刻着全套数学符号的石板。你得
在上面找类似这个问题场景的题目，然后
用自己的数按步骤进行替换。你可以自己
做一些简单计算，但是像求平方和开平方
这样的问题还得查这套板子。你还得搞一
套乘法表。跟现在的小学生不同，他们的
乘法表不用背诵啦：古巴比伦人用的可是
60 进制的数字系统哦，他们的乘法表有
59 行和 59 列哦！

15 世纪的一本书上所绘的《圣经》中的
巴别塔。这一类书阐述了如何计算基督教
节庆的日期——使用古巴比伦代数。

原理

解二次方程

第一步：把方程化为标准形式，也就是 $ax^2 + bx + c = 0$ 的形式。所以，形如 $x^2 + 2x = 4 + 2x$ 的方程要进行改写。

$$x^2 + 2x = 4 + 2x$$

两边同时减去 $2x$，得 $x^2 = 4$。

两边同时减去 4，得 $x^2 - 4 = 0$。

第二步：因式分解。

$$(x + 2)(x - 2) = 0$$

第三步：选择 x 的取值，使得第一个括号里得零。

$$(-2 + 2)(-2 - 2) = 0$$

也就是 $(0)(-4) = 0$，即 $x = -2$ 是方程的一个解。

第四步：选择 x 的取值，使得第二个括号里得零。

$$(2 + 2)(2 - 2) = 0$$

也就是 $(4)(0) = 0$，即 $x = 2$ 是方程的另一个解。

第五步：如果二次方程难于因式分解，那么可以使用二次求根公式。

$$x = \frac{-b \pm \sqrt{b^2 - 4ac}}{2a}$$

求解 $7x^2 + 3x - 11 = 0$，得

$$x = \frac{-3 \pm \sqrt{3^2 - 4 \times 7 \times (-11)}}{2 \times 7}$$

即

$$x = \frac{-3 \pm \sqrt{317}}{14}$$

也就是 $x \approx -1.486$ 或者 $x \approx 1.057$。

唯一解

古巴比伦数学有个古怪之处，模板只给出了答案，没指出从哪儿入手解读。所以，学生都得掌握如何针对手头的问题选择合适的案例。因为古巴比伦人没有负数的概念，所以他们假定本来有多个解的二次方程只有唯一解。

用古巴比伦的方式解题

一个典型的古巴比伦问题是这样的："矩形的长比宽多 **10**，面积是 **600**，那么长和宽各是多少？"（古巴比伦人本来用的是 **60** 进制，这里已经改写成 **10** 进制了。）

现在，我们这样列式子。

$$x - y = 10 \qquad （1）$$
$$xy = 600 \qquad （2）$$

然后进行求解。

改写（**1**）式

$$x = 10 + y$$

代入（**2**）式

$$(10 + y)y = 600$$

展开

$$10y + y^2 = 600$$

化成二次方程的标准形式

$$y^2 + 10y - 600 = 0$$

用标准二次求根公式（参见第 **13** 页），代入 $a = 1, b = 10, c = -600$ 可得

$$y = \left(-10 \pm \sqrt{2500}\right)/2$$

也就是

$$y = -30，\ x = -20$$

或

$$y = 20，\ x = 30$$

然而，古巴比伦人是套用他们的案例模板来解决的。他们是这样做的。

长和宽的差距是多少？（**10**）

折半（**5**）

平方（**25**）（古巴比伦学生利用平方根表查找）

加上面积（**625**）

开方（**25**）（译者注：矩形边长取正值）

这个平方根加上长宽差值的一半就是长（**30**），减去长宽差值的一半就是宽（**20**）。

古巴比伦的建筑和工程根源于先进的数学知识，因此才有了坚固而宏伟的建筑。

吉萨金字塔展现出了古埃及人对
数学的把握。

成功之谜

在古巴比伦之前的数千年里，有许多先进文明可圈可点，然而就我们所知，无人可望古巴比伦之项背。古巴比伦数学的一个便利之处在于，他们使用自己发明的进位制数字系统，这就胜过了早期（和若干晚期）文明。进位制就是指符号根据它的位置可以取不同的值。我们现在使用的数字系统也是进位制的。**246**，**426** 和 **642** 这几个数的含义完全不同，尽管它们用的数码是一样的。我们之所以可以"解码"，是因为我们知道每个数位的含义：首位是"百"，次位是"十"，末位是"一"。这样下来，阅读和计算数字都很便捷。古巴比伦数学家怎样计算数字已不可考。就我们所知，他们是没有含变量的通解这一概念的。所以对他们而言，左页方框里的（**1**）式和（**2**）式没有意义。所以，虽然说他

们熟悉勾股数（又叫毕氏三元数，即满足 $a^2+b^2=c^2$ 的整数组，比如 **3**，**4**，**5** 和 **5**，**12**，**13**），在他们的"文档"里也包含了这样的一些例子，但距离人们能用一个简洁的公式表达这个思想，还有几个世纪之遥啊。

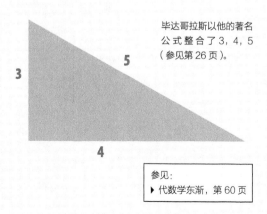

毕达哥拉斯以他的著名公式整合了 3，4，5（参见第 26 页）。

参见：
▶ 代数学东渐，第 60 页

证明

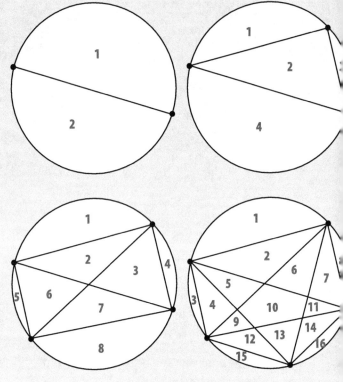

定理就是数学中的法则。定理涉及甚广，简单的如勾股定理，复杂的则过于深奥。

圆的分割似有规律可循，但是在数学上还是要给出一个证明。

数学家要使用定理，须先证明。证明有 **5** 种方式，下文再叙。古巴比伦数学家时时刻刻都在应用各种法则，这毫无疑问，但他们对用定理的方式指出或是证明这些法则的思想还相当陌生。如果你问一个古巴比伦数学家怎么知道自己的计算方法是对的，他的回答大概是"就是这样啊"或者"以前也是这么着啊"。这跟我们学语言的方法差不多嘛。我们找到方法，然后就固定这么做了。当我们再看见一个新词时就可以直接读出来，不用额外学按什么语法去读。比方说生造一个词"zam"，其读音的元音部分很大可能跟"ham"相同；如果在 **a** 的后面再加上一个"**e**"，其读音

的元音部分就可能跟"**claim**"相同（译者注：比拟汉字的情况，如果一个人不认识"免"这个字，很大可能就认为它跟"冕"同音；免再加上一个点变成"兔"，就可能认为它跟"菟"同音）。语言音韵，各有其法，不言自明。但是，当我们想要学习一门新的语言时，就得学习语法了。

数学法则

在数学里，法则是至关重要的，模

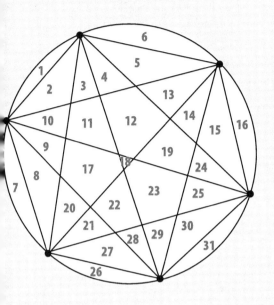

点数	点数−1	$2^{\text{点数}-1}$
2	1	2
3	2	4
4	3	8
5	4	16

我们验证一下这个式子：那 6 个点的圆包含多少块区域呢？上式告诉我们是 **32** 块，然而答案其实是 **31** 块——请看左图。这就告诉我们，一个定理看似正确还不够，必须要去证明。

暗夜初星

史册所载的第一位数学家是泰勒斯，据我们所知，他是证明定理的第一人（也

泰勒斯，科学家、数学家和哲学家，生活在米利都（位于今土耳其境内），约 2600 年前。

棱两可绝对不行。比方说，对页图中的 **4** 个圆，每个点都与其他点有线段相连。这些线段把圆形区域划分成了若干块：

2 个点：**2** 块

3 个点：**4** 块

4 个点：**8** 块

5 个点：**16** 块

规律呼之欲出嘛。每增加一个点，区域的块数就翻倍。我们甚至可以总结成公式：

区域块数 $=2^{\text{点数}-1}$

证明了以他的名字命名的定理，参见对页方框）。泰勒斯是古希腊人，生于米利都（今土耳其境内）。跟许多古希腊人一样，关于他的故事林林总总，形形色色，真真假假。传说中，夜里他专注于仰观星象，失足落井。又说他天赋异禀，能预知天气。当他预知橄榄会丰收时，就趁低价购入橄榄压榨机，然后高价脱手——那时候丰收如期而至，橄榄压榨机已经供不应求啦。据说，他这么做就是为了回应那些漫言科学无用的人。

还有故事说他既是工程师又是商人，他成功地预测了日食，这些传说更为可靠。如今，许许多多专业的数学家，还有物理学家、经济学家和工程师，年年月月深研定理，证真或证伪。

证明方式

数学里有 5 种证明方式，几乎每个数学定理都能用其中的一种或多种来证明。

1. 直接证明

这种证明方式最常用。它分成几个步骤。要证明"A 能推出 B"，你可以这么做。

"已知 A 能推出 C。"

"又已知 C 能推出 B。"

"因此 A 能推出 B。"

举个例子。

定理：如果 n 是偶数，那么 n^2 也是偶数。

证明：偶数的定义是能够被 2 整除的整数。所以说 10 是偶数，因为它除以 2 得整数 5。5 这样的奇数除以 2 是小数（5/2=2.5），它再乘以 2 还是整数。

从定义来看，任何偶数都可以写成 $2w$，其中 w 是一个整数。

定理说 n 是偶数，所以

$$n=2w$$

在古代，压榨橄榄以得到珍贵的橄榄油是一个辛苦活，但泰勒斯从中发现了生财之道。

原理

证明泰勒斯定理

以泰勒斯的名字命名的定理是这么说的：如果在圆里面画一个内接三角形，其中一条边是圆的直径，那么该边的对角必是直角。

泰勒斯的证明基于两个事实。

1. 三角形的内角和等于 180 度。

2. 等腰三角形的两个底角相等。

这个定理的证明过程是把三角形 **ABC** 画在圆里，从圆心 **O** 到直径的对角 **B** 画一条线，把三角形一分为二为两个等腰三角形。

因为三角形 **AOB** 是等腰三角形，所以两个底角是相等的，并标记为 α（读作阿尔法，希腊字母）；另一个等腰三角形 **BOC** 的两个底角也相等，标记为 β（读作贝塔，亦为希腊字母）。

这里代数就登场啦。我们知道，三角形 **ABC** 的内角和为 180 度，从下图中可以看出

$$\alpha + (\alpha + \beta) + \beta = 180 \text{ 度}$$

所以

$$2\alpha + 2\beta = 180 \text{ 度}$$

亦即

$$2(\alpha + \beta) = 180 \text{ 度}$$

两边同时除以 **2**，给出证明

$$(\alpha + \beta) = 90 \text{ 度}$$

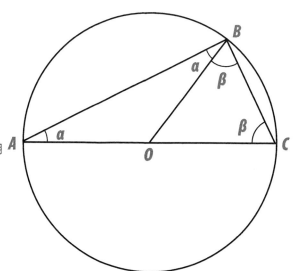

两边同时平方，得到

$$n^2 = (2w)^2 = 4w^2$$

可以写成

$$n^2 = 4w^2 = 2 \times 2w^2$$

（我们马上会看到这步很有用。）

现在，我们把 $2w^2$ 定义成新的形式

$$m = 2w^2$$

故而我们说

$$n^2 = 4w^2 = 2 \times 2w^2 = 2m$$

现在我们回顾定义，知道 $2m$ 一定是个偶数，因为它除以 2 得到 m，是一个整数。最后我们说 n^2 一定也是偶数，因为它等于 $2m$，而我们刚刚证明了 $2m$ 就是偶数。

2. 归纳证明

有关数列的定理的证明经常要用到归纳法。它的思想是：如果你能证明某个结论对其中某个选定的数成立，又对选定的数的后面一个数也成立，那么就说这个结论对数列中的所有数都成立。

比方说，要证明

$$1+2+3+\cdots+n = n(n+1)/2$$

那么，为了证明这个等式对无论 n 是多少都成立，首先我们要证明它对某个选定的 n 成立。

我们选取 $n=2$，代入等式得

$$1 + 2 = 2(2 + 1)/2$$

即

$$3 = 6/2$$

所以当 $n=2$ 时，这个等式是成立的。易证，对后一个数 3 等式也成立。但是，我们想要证明的是无论 n 是什么数，该等式都成立，且对它的后一个数也成立。也就是说，我们必须证明它对任意正整数 k 成立，且对后一个数 $(k+1)$ 也成立。

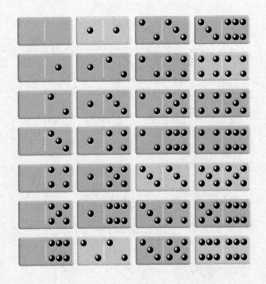

如何使双格多米诺骨牌加起来总是偶数，即使它本身是奇数？

昨天太阳升起了，今天太阳也升起了，明天就还会升起。这就是归纳法。但是，这幅图画中发生日食啦。公元前 585 年，泰勒斯第一次预言了日食。

我们已经阐明了

$1 + 2 + \cdots + k = k(k+1)/2$

起码对一个 **k** 值（就是 **2**）成立。现在，我们把上式两边都加上 **(k+1)**，得

$1 + 2 + \cdots + k + k + 1 = k(k+1)/2 + k + 1$

然后，重新对等式进行整理。首先，我们加个括号，括号里面的每一项都乘上 **2**，整体再除以 **2**

$1 + 2 + \cdots + k + k + 1 = [k(k+1) + 2k + 2]/2$

$1 + 2 + \cdots + k + k + 1 = (k^2 + k + 2k + 2)/2$

$1 + 2 + \cdots + k + k + 1 = (k^2 + 3k + 2)/2$

$1 + 2 + \cdots + k + k + 1 = (k + 1)(k + 2)/2$

也就是说，原式

$1 + 2 + 3 + \cdots + n = n(n+1)/2$

对 **k** 和 **k+1** 都成立。

因为 **k** 可以是任何正整数，也就是说我们的式子对所有正整数都成立，这正是我们要证明的。

请注意，证明也依赖于其他涉及的数学知识的正确性。比如，在上述证明中把 **k(k+1)** 化为 $k^2 + k$ 就要求我们知道带括号的乘法的展开原理，还得知道 **k** 乘以 **k** 得 k^2。

克里斯托弗·哥伦布航海去印度，他就
觉得所到之处就是印度了。"瞧，是印度
哟！无须证明！"

3. 逆否证明

逆否证明的思想可能难于理解。它的
基础是对称命题（译者注：注意跟数学里的
对偶问题的区别）的逻辑形式，如此这般。

"我是人，所以我是哺乳动物。"
"我不是哺乳动物，所以我不是人。"

"如果我们在法国，我们就在欧洲。"
"如果我们不在欧洲，就不可能在
法国。"

"如果你有铅笔，你就有书写工具。"
"如果你没有书写工具，就不可能有
铅笔。"

对称命题的逻辑形式如下。

"如果是 A，那就是 B。"
"如果不是 B，那就不是 A。"

细读之下我们就会发现这两个问题其
实是一回事。所以我们证明了其中一个，
另一个也就是对的了。第二个命题称为第
一个的逆否命题。

跟其他证明方式一样，我们通过举例
来说明它的原理。
"如果 n^2 是偶数，那么 n 就是偶数。"

它的逆否命题是
"如果 n 不是偶数，那么 n^2 就不是偶数。"

如果我们可以证出这个命题成立，那
么原命题也成立。
"不是偶数"就是"奇数"，所以我们
可以把逆否命题改写成
"如果 n 是奇数，则 n^2 就是奇数。"

任何奇数都可以写成
$$n = 2k + 1$$
其中 k 是整数，也就是数列…，-2，-1，

0, 1, 2, …里面的数。比如: 奇数 9 就可以写成 $9 = 2 \times 4 + 1$。

那么 n^2 呢? 我们先把上式的两边同时平方

$$n^2 = (2k + 1)^2$$
$$n^2 = 4k^2 + 4k + 1$$

将等式右边重新整合成一个形如奇数的式子

$$n^2 = 2(2k^2 + 2k) + 1$$

因为 k 是整数, 所以括号里的 $2k^2 + 2k$ 也是整数。这意味着 $2(2k^2 + 2k) + 1$ 跟上式中的 $2k + 1$ 一样, 是一个奇数。

也就意味着 n^2 也是一个奇数。

所以, 我们就证出了这个命题: 如果 n 是奇数, 则 n^2 也是奇数。因为这是原命题的逆否命题, 所以我们也就证出了原命题。

4. 反证法

这种证明方法是先假设一个定理不成立, 从而导出矛盾。反证法有个著名的例子。

逆否命题是基于同一逻辑的两个相反的命题。

如果去掉 1, 则整数要么是合数, 也就是可以拆成其他整数的乘积的数; 要么是素数, 也就是无法拆分的数。5 就是一个素数, 因为它没法拆成其他整数的乘积; 但是 6 可以拆成 2 和 3 的乘积, 所以它是合数。最终, 任何合数都可以拆成素数的乘积。比如, $24 = 4 \times 6 = 2 \times 2 \times 2 \times 3$。也就是说, 每个合数都有唯一的一组素因子。

我们要证明的定理就是:

"素数有无穷多个。"

我们是这样做的。假设反命题——素数只有有限个——成立, 推出矛盾。

1. 如果素数 p 不是无穷多个, 那么我们可以把它们都乘起来。我们把这一串数的乘积再加上 1 的结果叫作 N。也就是

欧几里得，古希腊声名卓著的数学家，在 2300 年前证明了素数有无穷多个。如图，他正在给学生讲解数学题。欧几里得不是像下文那样用代数学证明素数问题的。恰恰相反，他用的是几何学，通过比较线段的长度来得到结论。欧几里得在《几何原本》里给出了这个证明。此书一经成稿就一直流传，至今不绝。

$$p_1 \times p_2 \times p_3 \times \cdots \times p_n + 1 = N$$

N 是怎样的数呢？

2. N 不可能是素数，因为我们把素数都用光了，N 比所有素数都大。

3. N 一定是合数。换言之，它一定有素因子。

4. 我们已经列出了所有素数，N 的素因子也在其中。

5. 然而为了构造 N，我们不仅把所有素数相乘，还加上了 **1**。

6. 所以说 N 不可能是由素数乘出来的。

7. 所以 N 不是合数。

8. 我们已经证明 N 既不是素数，又不是合数。矛盾啦。所以我们的原假设素数不是无穷多个是错的。

9. 所以，素数有无穷多个。

5. 例证法

这种证明方法也叫构造性证明，非常简便易行，虽然说没有多少定理能用吧。举个例子：

"所有素数都是奇数。"

推翻它只要举出素数 **2** 不是奇数的例子就可以了。所以，**2** 就是证否的例子。

欧几里得的《几何原本》现存最古老的版本，是公元 1 世纪的一块莎草纸残片。

82	81	80	79	78	77	76	75	74	73
83	50	49	48	47	46	45	44	43	72
84	51	26	25	24	23	22	21	42	71
85	52	27	10	9	8	7	20	41	70
86	53	28	11	2	1	6	19	40	69
87	54	29	12	3	4	5	18	39	68
88	55	30	13	14	15	16	17	38	67
89	56	31	32	33	34	35	36	37	66
90	57	58	59	60	61	62	63	64	65
91	92	93	94	95	96	97	98	99	100

高亮的数字是 100 以内的素数。一眼望去它们似乎全是奇数，因为所有的偶数都是 2 的倍数。但是，恰恰是打头的第一个素数说明了素数不全是奇数啊。

参见：
▶ 代数基本定理，第 130 页

毕达哥拉斯学派

毕达哥拉斯定理（又称勾股定理）在数学公式中无疑声名远播，历史悠久。其实，早在毕达哥拉斯本人出生之前，勾股定理就已经存在了，可能他是第一个给出证明的人。

毕达哥拉斯自是人中翘楚，生亦逢时，正是数学文化鼎盛之世，他又在另外两个数学也很发达的社会生活过。毕达哥拉斯约于公元前570年出生于爱琴海东部的希腊岛屿萨摩斯岛。他20岁时旅居古埃及，历经22年遍访能找到的数学家和天文学家。公元前525年，波斯王冈比西斯二世入侵古埃及，俘获了毕达哥拉斯。他是怎么转危为安的我们不知道，但是他成功地继续在古巴比伦研究他的数学，甚至还跟那里的大思想家交往。12年后，他回到了萨摩斯岛，时年约57岁（在他那个时代已经算是高龄了），准备翻天覆地、大干一场！

萨摩斯岛现在的港口有一尊雕像，它用来纪念这座岛上最著名的人物，配饰当然是一个直角三角形啦。

毕达哥拉斯在古埃及度过了自己的青春岁月，接触了许多不同学派的思想。

音律数学

毕达哥拉斯成功了，他首先从一个可能不太起眼的发现开始。他发现，敲击一个乐器的两根弦，如果一根是另一根的两倍长（假设弦的材质和松紧一样），那么它们的声音就很和谐。毕达哥拉斯还发现，如果一根弦是另一根的 2/3、3/4 或者 4/5 长，那么两者相合的声音也会和谐。反过来，如果两根弦的长度的比例不是简单分数，那它们相合的声音就不在调上。

万物皆数

毕达哥拉斯在有此发现之后，灵机一动，认为数字乃是万物之根本。事实上，

他说过宇宙万物皆数。他所谓的"数"是正整数（也就是 1, 2, 3, …）和由它们形成的分数，比如在创作音乐时的那些关键数字。分数也称为比值，我们称这些数为有理数。对毕达哥拉斯和追随他的科学家来说，有理数的重要性就如同今天所谓的"有理"表示"有逻辑""合情理"一样。毕达哥拉斯基于有理数和泰勒斯关于定理证明的概念，主导发展出了一整套数学体系。

年迈的毕达哥拉斯指点追随者关于直角三角形著名定理的证明。

这可不是有理数

惜哉惜哉，毕达哥拉斯的宏大数学计划遭遇到了险阻，而险阻正是我们熟知的勾股定理。勾股定理关乎直角三角形，最简单的就是两条短边相等的等腰直角三角形。如果短边长度为 1 个单位长度（厘米、分米、米，什么单位都可以），则长边（也就是弦）为

$$a=\sqrt{1^2+1^2}=\sqrt{1+1}=\sqrt{2}$$

如此这般，毕达哥拉斯学派的下一步

移居意大利

公元前 530 年左右，毕达哥拉斯移居克罗顿（译者注：现在位于意大利，当时属于古希腊），并在当地广收门徒，传授数学知识。不同于那时的风俗，无论男女都可以入学。毕达哥拉斯学派齐心协力地要实现毕达哥拉斯的宏伟蓝图，即解开宇宙中的数学奥秘。但他们不仅仅研究数学，他们崇拜数字，用神秘莫测的手法探索数字，建立了一整套以数字为核心的宗教体系。他们秘而不宣，所以关于这种信仰我们只知道零星轶事（参见第 33 页方框）。

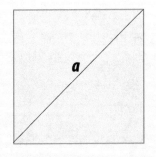

一个正方形由两个简单的直角三角形构成。尽管毕达哥拉斯说自然、秩序和美只能以整数来刻画，正方形对角线的长度却无法用有理数表示。

就是解出 $\sqrt{2}$ ——什么数的平方是 2 呢？他们百思不得其解，因为根本就没有这样的数。也就是说，根据毕达哥拉斯的前提，任何数都应该是正整数或能用正整数的比

原理

勾股定理的证明

勾股定理的证明方法已逾百种之多。以下为其中一种。

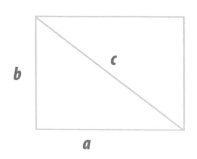

我们首先求直角三角形的面积。如上图，我们画一个矩形，边长分别为 a 和 b，然后沿对角线切成两半。矩形的面积是 ab，所以三角形的面积（也就是矩形面积的一半）就是 $(1/2)\, ab$。

现在，把 4 个这样的三角形拼起来，总

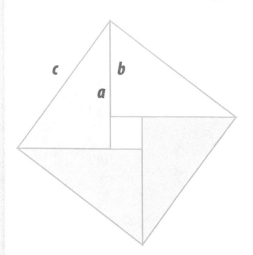

面积是 $4 \times (1/2)\, ab$，也就是 $2ab$。摆放成如下图的形式。

图中竖直的线为股，长度是 a。它的上半部分紧邻另一个直角三角形的短边，所以这个上半部分就是勾，长度为 b。下半部分的长度就是 $(a - b)$。

这就是中间小正方形的边长，故而小正方形的面积为 $(a - b)^2$。

也就是说，整个大正方形的面积为 4 个三角形的面积加 1 个正方形的面积。

$$面积 = 2ab + (a - b)^2$$

但是，这个大正方形的边长又是我们三角形的弦，长度为 c。

$$面积 = c^2$$

合并上述二式

$$2ab + (a - b)^2 = c^2$$

展开等号左边的式子

$$2ab + a^2 - 2ab + b^2 = c^2$$

化简，得

$$a^2 + b^2 = c^2$$

勾股定理得证。

表示的数，但是没有这样的数符合需求。根据某些记载，希帕索斯发现了 $\sqrt{2}$ 不是有理数，于是暗遭灭顶之灾，船毁人亡。

超越现实

尽管我们现在接受了形如 $\sqrt{2}$ 这样的数字的存在，简简单单地将之归为无理数，使它有别于毕达哥拉斯中意的有理数（参见第 32 页方框），这个发现其实相当惊人。代数学曾经有许多很实际的用途，包括基于测量的调查学，比方说如何根据一块土地的形状计算其面积和周长。无理数的发现意味着测量出来的数据并不总是准确的。如果你有一块形状是直角三角形的地，

短边为 3 个单位长度，长边为 4 个单位长度（跟以前一样，单位是什么无所谓），你可以测出来斜边是 5 个单位长度。但是，如果两条短边都一样长，比如说 100 米，那么你怎么度量斜边呢？如果用以米为单位的尺子来量短边，那也得用同样的尺子量斜边。然后，你只能得到斜边在 141 米到 142 米之间。但是到底有多长？拿把更精确的尺子，精确度是 1/10 米，再量量看。你会发现斜边在 1414 分米到 1415 分米之间。还是不精确嘛。

你可以继续用越来越精确的尺子，但无论如何也没法准确测量这个长度。即使用精确度为百万分之一米的尺子，只有用

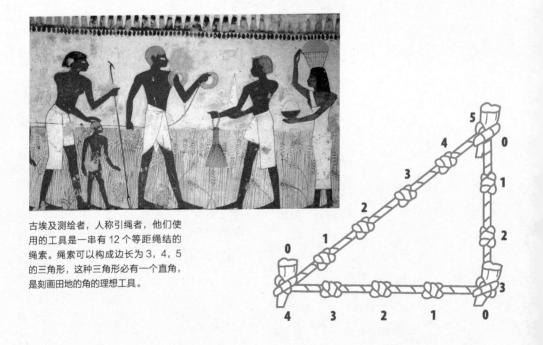

古埃及测绘者，人称引绳者，他们使用的工具是一串有 12 个等距绳结的绳索。绳索可以构成边长为 3，4，5 的三角形，这种三角形必有一个直角，是刻画田地的角的理想工具。

魔幻数字

在很多古代文化，还有一些现代文化中，人们相信数字很神圣。事实上，直至今天还有许多人相信 **13** 是不吉利的，而且他们还有自己的幸运数字。对此深研的人被称为数字命理学家，比如，他们相信每个人的名字可以转译成一个数字，而数字里蕴藏着玄机。但是，现今大概没有人既是数学家又是数字命理学家。然而对于毕达哥拉斯学派的人来说，数学和数字命理学正是研究数字的两条道路，同等重要。对于他们来说，最神圣最魔幻的数字是 **10**，尤其是如图这样排列的 **10** 个圆点，他们称之为四阶三角。

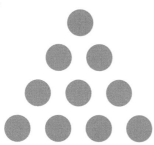

显微镜才能读数，也只能读到长度在 **141421356** 到 **141421357** 微米之间。

无计可施

或许你会想，用斜边长本身当作标尺也可以啊。你可以尝试一下，用斜边那么长的尺子，把长度分成 **1000** 份，用新尺子再来量量短边，仍然有同样的问题。千分之一斜边长的这把尺子，只能显示出短边在 **707** 到 **708** 个单位长度之间。既然 $\sqrt{2}$ 的问题使得整个信仰系统都岌岌可危，毕达哥拉斯学派就试图隐藏消息，并禁止议论。但是这一消息终究还是流传了出去，毕达哥拉斯学派对自然过程基于数字的研究方法终究败落。

有些长度本来就没法度量。任何尺子都没法度量。

数的种类

自然数

如下序列中的数：

0, 1, 2, 3, …

整数

如下序列中的数：

…, –3, –2, –1, 0, 1, 2, 3, …

有理数

可以表示成比（或者分数）的数，比如：

…, –12/5, –2, 0, 1/8, 2/3, …

无理数

不能表示成比的数，比如：

$\sqrt{3}$, $\sqrt{2}$, $3\sqrt{3}$, π

超越数

有些数可以表示成多项式方程的解（也叫作根）。比如说，二次方程 $x^2 = 2$ 的解就是 $\sqrt{2}$。但是，有些数不能表示成多项式的解，例如 π，它们叫作超越数，因为它们超越了其他数的范畴。

残酷结局

尽管如此，克罗顿的领袖们还是加入了毕达哥拉斯学派，使之权倾城邦。毕达哥拉斯殿堂，一个狂热崇拜者们的集会场，有一天崩塌了。一个毕达哥拉斯学派的头目名叫米罗，乃是摔跤冠军，把毕达哥拉斯奋力救出。公元前 510 年，克罗顿与邻近城市锡巴里斯爆发战争，正是米罗率兵出战，力克劲敌。米罗、毕达哥拉斯和他的学派权势愈炽。富有的权贵塞隆想要加入学派，这人实在残暴不堪，声名狼藉，毕达哥拉斯断然拒绝了，结果引来一连串致命的打击。塞隆和他的朋友力争克罗顿之治应归于民主而非崇拜。政团对立引发暴力冲突。公元前 508 年，毕达哥拉斯奔逸至梅塔蓬图姆城，了此残生。毕达哥拉斯学派有人惨遭屠戮，有人去国离乡、自组学派。米罗竟为群狼所噬！

毕达哥拉斯教规

尽管我们对毕达哥拉斯学派的信仰知之甚少，但还是了解一点他们生活中所需遵循的规则的——的确挺古怪呢。据推测，该规则的设计合乎自然规律，但是至今也让我们茫然不解。

▲ 勿食豆子

▲ 勿拾落物

▲ 勿触白鸡

▲ 勿切面包

▲ 勿踏十字

▲ 勿以铁器捣火

▲ 勿食整个面包

▲ 勿扯花冠

▲ 勿食心脏

▲ 勿踱车道

▲ 勿栖檐燕

▲ 烧水已毕，须搅乱灰堆，勿留印痕

▲ 勿在光源旁照镜子

▲ 起床后卷起床单，拂去印痕

参见：
▶ 图形中的代数，第34页

图形中的代数

"天下万数，不全有理"，这一发现大大倾覆了人们对通过数字寻求真理的信仰。相应地，古希腊数学家转向了研究古巴比伦人的古老的几何学方法。

在古希腊新一代的数学家里，俊逸超群之人乃是欧几里得。他的几何学多卷巨著《几何原本》的译本，在他过世 2000 多年后的 20 世纪初仍声名卓著。

使用系统

《几何原本》是一种新的代数——代数几何——诞生的标志，也是一种数学系统建立的里程碑。数学系统是基于少量精细设定和不可违逆的公理假设，从而证明出一大套定理的系统。比如，欧几里得公理之一是这样说的："如果 $a=b$, $b=c$，那么 $a=c$。"从欧几里得开始，伟大的数学家们追随他的脚步，基于基本假设，用严格的证明方法发展出整套系统。

神秘人物

欧几里得地位尊崇，其著作流芳百世，但我们对他的生平所知少得出奇。与其他古希腊数学家不同，欧几里得并无传记存世，我们所知的零星逸闻都是他去世 500 年后才有的记载。事实上，即使是他的名字，在后世也鲜有记录，常常称作"《几

无人知晓欧几里得样貌如何，甚或是否确有其人——但是他的形象总是长髯飘飘。

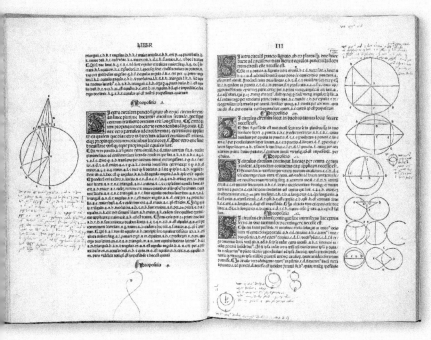

欧几里得的《几何原本》是历史上最成功的非宗教书籍之一。它自2300多年前问世以来，从未过时。

何原本》的作者"就得了。然而，我们确实知道，欧几里得曾在古埃及的亚历山大生活和学习，还到过古代世界最大的知识宝库——亚历山大图书馆。亚历山大图书馆大概藏书 50 万册，大部分是莎草纸（一种用草而非羊皮做的纸）卷轴。在那里，欧几里得不但博览了历代数学著作，还跟其他学者合作研究。

构造图形

时至今日，使用图形来解决数学问题仍然引人入胜（参见第 37 页方框）。欧几里得系统非常成功。大众曾经认为：任何

数学问题都只用两件工具就能解决：圆规和直尺——可不是刻度尺哦。古希腊数学家都不愿依赖不够简单直接的工具。事实上，让古希腊数学家在直尺圆规的限制范围内束手无策的，也只有那三大经典难题而已（参见第 39 页方框）。

道法自然

尽管古希腊人是出于自身的兴趣来研究数学的，但他们也确乎熟知代数几何在建筑学和天文学等学科中的巨大实际好处。欧几里得本人写了多部有关天文学和现在所谓几何光学（也就是利用与光线相

亚历山大港口熙来攘往，图书皆留副本，乃是集天下知识而成的超大图书馆。

关的几何学来解决实际问题）的著作。在欧几里得过世后的数个世纪，代数几何成了科学家们最称手的数学工具。最伟大的科学家之一伽利略，使用数学工具来探索和检验他的理论。正如古希腊人一样，伽利略相信宇宙是基于几何学法则构造的。1623 年，他在著作里声称："……科学写在我们眼前最伟大的著作——宇宙——里面，但是如果我们不学习语言，不掌握符号，则无从解读。宇宙之书正是用数学语言写成的，书写符号就是三角形、圆形和其他几何图形。没有它们，人们则无法理解其中的只言片语；没有它们，人们只能在黑暗迷宫里茫然徘徊。"

几何证明

在代数学里，我们通常需要证明恒等式，就是不同形式的两个式子其实是相等的。

比如：下式是恒等式吗？

$$(a+b)^2 = a^2 + b^2 + 2ab$$

古希腊人率先证出了这个恒等式，他们是用几何学来证明的。

证明上式只需要一个矩形（任何尺寸都可以）即可。如果矩形的边长分别是 **a** 和 **b**，它的面积就是 **ab**。

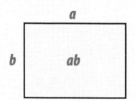

现在，我们沿长方形的短边画一个正方形，再沿长边画一个正方形。两个正方形的面积分别是 **a²** 和 **b²**。

最后，再画个矩形将该图形补全成一个大正方形。矩形的边长分别是 **a** 和 **b**，面积就是 **ab**。

所以，从最后的图形来看，整个大正方形的面积就是

$$a^2 + b^2 + ab + ab$$

也就是

$$a^2 + b^2 + 2ab$$

把面积的两种写法合在一起，得到

$$(a+b)^2 = a^2 + b^2 + 2ab$$

正是我们要证明的恒等式。

伽利略是率先用数学语言表述物理定律的科学家。

新技术

  17 世纪，微积分崛起，代数几何才稍逊风骚。即使是研究重力和开启微积分的艾萨克·牛顿，在发表著作时也使用了几何学来证明他的结论。

关于一个物体加速和匀速通过一段距离的等价关系，伽利略用上图的对角线研究得出：匀速通过时的速度相当于加速通过时最大速度的一半。纵轴表示时间，横轴表示速度，面积表示距离（因为距离 = 速度 × 时间）。他用几何展示了矩形 ABFG 的面积和三角形 ABE 的面积是一样的，由此证明了他的定理。

参见：
▶ 证明，第 16 页
▶ 微积分，第 110 页

三大经典难题

古希腊人用尺规作图的几何技巧在解决问题中成效斐然，但是仍有三大难题让他们百思不得其解。这三大难题已被证明是不能仅用尺规解决的。

1. 立方倍积

有一个传说，古希腊的得洛斯岛遭遇瘟疫之灾，人们向阿波罗神祈求神谕。神谕指挥他们建造一个新的祭坛，要求是原来的两倍大小，还得是正方体。新的祭坛按照要求造好了，边长和高度都是原来的两倍，但瘟疫依然蔓延。他们意识到要造的祭坛不是边长加倍而是体积加倍。他们得先知道边长到底是多少，于是用尺规寻求答案……用现代语言，问题是这样的：给定一个边长为 a 的立方体（体积就是 a^3），计算长度 x，使得边长为 x 的立方体的体积为 $2a^3$。

问题的答案就是 $x = \sqrt[3]{2a^3}$。你看，这里涉及求 2 的立方根，可不是寻常的加减乘除四则运算。

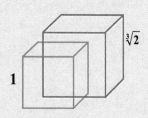

2. 化圆为方

这个问题是要找一个正方形，它的面积跟一个圆的面积相等。这也能简洁地用现代语言表示为：

$$x^2 = \pi r^2$$

所以 $x = \sqrt{\pi r^2}$。

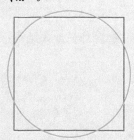

但是直到今天，我们跟过去一样，都找不到 x 的精确数值，因为 π 是一个超越数，也就是说它不但没法完全写出，甚至没法用多项式方程来表示。我们只能尽可能地接近它的精确值。

3. 三等分角

对古希腊人来说，这个问题看上去似乎很有希望解决，因为他们知道如何用尺规二等分角。

但是三等分角，难哉。

微积分前传

微积分是科学界最有威力的数学工具，没有之一，因为它是研究变化的不二法门。变化，乃是科学研究的全部，从飞机俯冲到原子弹爆炸，从大陆漂移到宇宙扩张。

尽管古希腊人主要研究图形，但一开始他们对变化兴趣寥寥；当科学研究需要掌握变动的现象时，有一些想法被启用了，并发展成微积分。因为微积分也是研究空间变换的方法，古希腊思想家钟情于斯。

提高维度

简简单单的一条线首尾相接，就可以形成一个圆。现在，我们可以把线的长度写成 $2\pi r$，r 就是圆的半径，是用米等长度单位来度量的。那圆的面积呢？表达式是 πr^2，用面积单位平方米等来度量。三维的情况怎么样呢？是球体，用体积单位立方米等来度量。体积的表达式是 $(4/3)\pi r^3$。这跟微积分有什

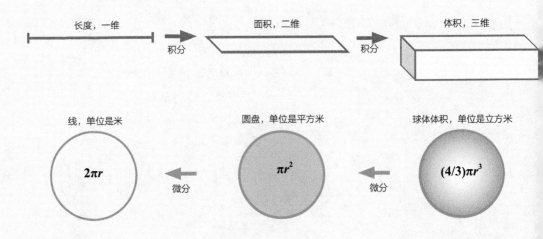

长度，一维   积分   面积，二维   积分   体积，三维

线，单位是米   圆盘，单位是平方米   球体体积，单位是立方米

$2\pi r$ 微分 πr^2 微分 $(4/3)\pi r^3$

么关系呢？我们把三维物体球体的体积公式做微分，就得到二维图形圆的面积的表达式［译者注：原书如此，实际对 $(4/3)\pi r^3$ 做微分的结果为 $4\pi r^2$，是圆面积的 4 倍；再做微分，就得到一维的圆的周长公式。积分就是反方向的操作啦。

圆锥截面

跟 πr^2 这类通用公式不同，微积分还可以用于分析特定图形，比如计算面积。对古希腊人来说，这可是个挑战，他们中有些人直接用一串相连的直线段来代替曲线。其中，阿基米德在这个领域有重大突破，比如圆锥曲线族，也就是以不同角度切割圆锥所得到的曲线。

曲线与多边形

其中的一族圆锥曲线是抛物线，阿基米德探索了该曲线下的面积的求法。抛物线看起来跟三角形相似，所以阿基米德从内接三角形开始。三角形的面积是 **(1/2)** *bh*，其中 *b* 是底，*h* 是高，所以如果 *b* 是 2 米，*h* 是 3 米，则三角形的面积就是 **(1/2)×2×3 = 3**（平方米）。

但是，显然抛物线包裹的面积更大，所以，阿基米德下一步用了更多的三角形进行填充，计算它们的面积，再加起来，

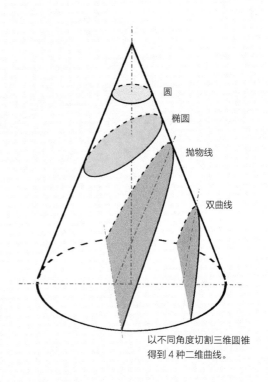

以不同角度切割三维圆锥
得到 4 种二维曲线。

圆
椭圆
抛物线
双曲线

如此持续不断，直到趋近抛物线下的面积。这跟积分的思路一致，先把曲线下的面积分成小块再求和。阿基米德还用类似的办法很好地估计了 **π** 的数值（参见第 **43** 页方框）。

反向研究

对于积分的反方向操作——微分，也是阿基米德迈出了第一步，他得到了对曲线上任意一点求斜率的方法。尽管跟现代的方法大不相同，但这是微积分最重要的应用之一。

传说中，阿基米德发明了一种不可思议的武器对抗古罗马舰队的入侵，保卫了城市。

的大思想家，阿基米德热衷于纯数学而非应用科学。古希腊人坚信思考和讨论乃是通向新知的最优途径，对实验和度量则不屑一顾。这跟古巴比伦人大相径庭，后者只把数学视为农夫、会计和建筑师的称手工具而已。事实上，从古代直到 20 世纪，人们都认为纯科学（尤其是纯数学）比应用科学更胜一筹。

纯数学的思想

阿基米德是最伟大的数学家之一，在古往今来都是。正如其他大思想家，他在诸多领域开创了全新的思想（包括我们称为三次方程的观点，见下页方框），有些思想标新立异，彼时难于理解。阿基米德是一位天文学家之子，锡拉库扎（西西里岛上的一座沿海古城）僭主希隆的亲友，生于公元前 287 年。正如古希腊其他有名

浴中大作

阿基米德与希隆王亲密无间，故而有机会接触大量的科学研究。最为有名的是他通过测量密度检验希隆王金冠的纯度的方法。传说中他灵光乍现，想到排水法，乃裸奔过街，大呼"尤里卡！"（意为"我发现啦！"）。还有个故事似乎让人难以置信，传说他常常在浴后涂润肤油时，蘸着

阿基米德对 π 的估计

要计算 π，我们先得画一个圆，再画出它的内接正方形和外切正方形。

假设圆的直径是 **1** 个单位长度（单位无所谓，厘米、千米等都可以）。圆的直径就是外切正方形的边长，这个边长也就是 **1** 个单位长度。那么，外切正方形的所有边的总长度就是 **4**，我们就叫它周长吧。圆嵌在正方形里面，所以圆的周长（等于 **π**）一定比正方形的小，也就是说 π 小于 **4**。

再看内接正方形，可以看出它是由两条短边均为 **0.5** 的直角三角形的弦组成的。根据勾股定理，我们知道这个弦长是 $\sqrt{0.5^2 + 0.5^2}$，也就是 $\sqrt{0.5}$。

那么，内接正方形的周长就是 $4\sqrt{0.5}$，大约为 **2.828**。所以说 π 比 **2.828** 大。简言之

$$2.828 < \pi < 4$$

这个近似可不算精确哦！但是，毕竟圆跟正方形还是区别很大的，为了精益求精，阿基米德用边数更多的形状不断重复，越来越逼近圆，也越来越逼近 π。

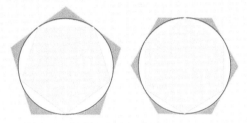

这个方法有个优点，就是不用度量，图形尽显一切。缺点就是计算周长越来越复杂。以六边形为例，我们要用到复杂的三角学知识来计算六边形的边长。

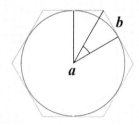

这个任务对于阿基米德则更为困难，因为在他的那个时代，三角学还未被发明，他得用更朴拙的几何方法。因为他的勤勤恳恳，兢兢业业，终于达到了 **96** 边形！

由此，他计算出的 π 值是 **3.1418**，跟精确值 **3.14159265**⋯相比已精确到千分位。

三次方程

　　阿基米德生活的时代还没有现代代数学，他是用几何学解三次方程的。三次方程的次数是 **3**，有 **3** 个解。如今，我们把三次方程用通式写成这样

$$y = ax^3 + bx^2 + cx + d$$

　　设 $a=2$，$b=-1$，$c=-1$，$d=0$，则得到一个特例

$$y = 2x^3 - x^2 - x$$

　　我们在一定范围内对 x 进行取值，得到下图：

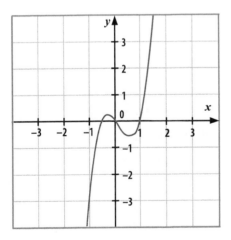

　　方程的解（也叫根或零点）就是使得 $y = 0$ 的点，也就是图像与 x 轴的交点，本例中就是 **-0.5**，**0** 和 **1**。

炭灰在身上写算式。所以说大概他真的是在冰浴中创出新作的。

数学武器

　　据说，阿基米德在港口布置了一组滑轮，向希隆王展示数学不但妙趣横生，还妙用无穷。他把滑轮固定在一艘满载的船上，仅用单手就将船拽出水面。这个发明证明了数学的用处远远超乎想象。罗马帝国日益强盛，锡拉库扎屡陷战火，公元前 **212** 年，古罗马舰队重装入侵。彼时阿基米德 **70** 岁高龄，已值暮年，他使用带铁爪的起重臂，利用滑轮拖曳摧毁了若干艘古罗马舰船。他的滑轮可能用上了杠杆。

阿基米德遭遇古罗马士兵劫掠，
未从其令，乃遭屠戮。

阿基米德有句描绘杠杆的名言:"给我一根足够长的杠杆和一个支点,我可以撬动整个地球。"他还发明了一种全新的投石车来击毁舰船,甚至还使用曲面镜把阳光聚焦到船帆上,引起火灾。

为数学而死

多亏了阿基米德,锡拉库扎才暂时抵御住了古罗马的入侵。但是不久之后,在某个节日人们忙于欢庆时,古罗马人趁机入城了。古罗马将军马塞拉斯命令要生擒阿基米德,有个士兵发现了阿基米德,但是他正忙于在沙地上研究几何问题,叫士兵不要踩踏他的圆,遂遭屠戮。

参见:
▶ 第三维度,第 54 页
▶ 代数几何,第 92 页

阿基米德展示力学之力,一个人可以用一个滑轮把船只拖出水面。

方程

无理数的发现使得几何方法在解决数学问题上领先一步。然而，这只是暂时的领先哦。

虽然几何方法简单明了，但有许多局限性。比如，当计算 **3** 个数的乘积时，几何方法就是把 **3** 个数当作立方体的边长，计算立方体的体积。但如果计算 **4** 个数的乘积就没法用几何方法了，因为并没有四维的形体嘛。

超乎几何之外

但是，小小的进展还是有的。公元 **1** 世纪，古希腊数学家赫伦（也称为赫罗）

写下若干工程著作，有一部介绍了如何用三角形的边长求解三角形的面积。听上去这是一个几何问题，不过它可不是用古希腊几何学来表述的。这里面涉及 **4** 个变量——**3** 条边 *a*, *b*, *c* 和第 **4** 个变量，记作 *d*, *d* = (*a* + *b* +*c*)/2。用现代记号来写，赫

赫伦的三角形面积公式是几何思想与代数技巧的一种早期融合。

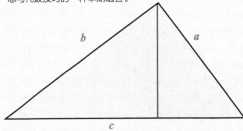

《算术》，1900 年前，古希腊数学家丢
番图的著作，被称为代数学的基础。

伦的三角形面积公式就是

$$面积 = \sqrt{d(d-a)(d-b)(d-c)}$$

正如从前的数学家一样，赫伦在他的
书里是用文字和数字来阐述的，现在看来
非常艰涩难懂。正因如此，早期的数学才
举步维艰。

一种数学语言

丢番图的作品改变了这一切。丢番图
是一位古希腊数学家，我们对他的生平几

方程的类型

数学中包含未知数的等式就是方
程，比如

$$x + 1 = 4$$

包含一个未知数的方程，例如 $x + 1 = 4$，称为定方程，因为 x 的值可以由方程确定。不定方程的未知数超过一个，且未知数取值无法由方程本身确定，比如 $x + y = 4$。

一个方程里有 2 个或多个变量，适用于同类问题的就叫作公式，例如 $v = d/t$，其中包括变量速度 (v)、距离 (d) 和时间 (t)。

所以说 $x + 1 = 4$ 不是公式。

一个方程两边都有同样的变量，无论变量取值多少都成立，则该式子被称为恒等式，例如 $2(a + b) = 2a + 2b$。

只有一堆变量，没有等号（比如 $a \times b$）的不叫方程，叫作表达式。输入一些值，则必得到唯一输出的是函数。对函数 $f(x) = x^2$，如果输入值 $x = 2$ 或者 $x = -2$，输出就是 4。

方程里有时用 "≈" 符号，意思是 "近似等于"，比如 $\pi \approx 3.14159$。

乎一无所知——连生辰都不知道，要么是 2 世纪，要么是 3 世纪。我们所知道的只是一段小传，传说是一块湮灭的墓碑上的铭文。不巧，这还是一段谜语，或许为了解谜改动了一些实际情况吧。

> **铭文**
>
> 路人且注目，丢番图之墓。
>
> 代数奇技巧，石碑记寿数："六分取其一，垂髫正青青；十二取其一，鬓髯须发生；七分取其一，合卺成夫妇；五载喜弄璋，天命半其父。凭谁慰残年，寄怀数字间。四载何所道，托体此长眠。"

你能得出丢番图去世时是多大年纪吗？**84** 岁。跟寻常人用语言文字出题解题不同，丢番图其人远远超出了这个境界，所以这篇墓志铭并不适合他呢。丢番图对于代数的最大贡献是引入了包括等号在内

的符号表示。所以，终于可以用正数、负数和幂的符号来书写方程啦。

未来数学之种

如今，当读到丢番图的著作《算术》时，人们可以清清楚楚地看到在数学中创新是一种怎样的挑战。书中虽然有许多新

赫伦因为发明了这个汽转球而名垂青史。它虽然很原始但是很精巧，是蒸汽机的雏形。

原理

负数 × 负数＝？

虽说丢番图不接受负数作为问题的解，但他在计算步骤里确实用到了，也就是说，他得根据乘法的概念来把握计算结果。负数和正数的乘积是负数，这个很显然了，但是两个负数的乘积是正是负可不那么明显。丢番图认为是正数，但他没有给出证明。

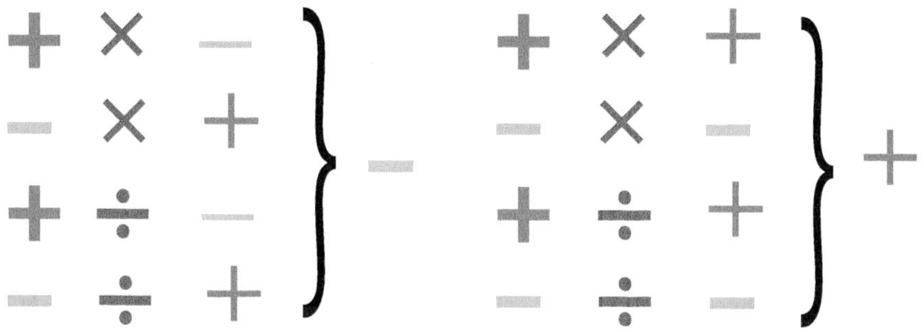

然而，我们有这样一个证明方法。

$$(-a)(-b) = ab$$

我们定义一个数 x，使得

$$x = ab + (-a)b + (-a)(-b) \quad (方程 1)$$

首先，我们提出 b。

$$x = ab + (-a)b + (-a)(-b)$$
$$x = b[a + (-a)] + (-a)(-b)$$
$$x = b(0) + (-a)(-b)$$
$$x = (-a)(-b) \quad (方程 2)$$

现在，我们回到方程 **1**，这次提出 $(-a)$。

$$x = ab + (-a)b + (-a)(-b)$$
$$x = ab + (-a)[b + (-b)]$$
$$x = ab + (-a)(0)$$
$$x = ab \quad (方程 3)$$

方程 **2** 和方程 **3** 的两个表达式都等于 x，也就是说，这两个表达式是相等的。

即

$$(-a)(-b) = ab$$

得证。

的数学思想，但是大部分不是丢番图的，原因不得而知，毕竟我们对他知之甚少。或许他因担心过于艰深而失去读者，或许他想尝试更上一层楼而终未成功。丢番图引入了表达某种未知事物的符号，仅此而已。所以，尽管他可以把方程写成 $x = 2$，却写不出 $x + y = 2$ 的形式。

奇怪的是，包含多个未知数的问题使得他（和一些早年间的数学家）声名远扬，但是丢番图在讨论这些问题时仍然遵循传统的方法——用文字描述。尽管就我们看

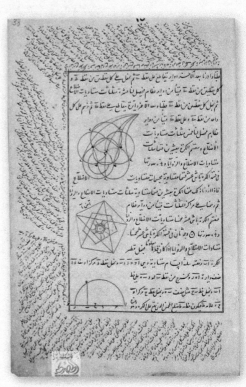

从希腊语被翻译成阿拉伯语的《算术》，对 1000 年前的阿拉伯数学产生了重要影响。

代入法解方程组

要解像如下这样的联立方程组

$x^2 + y^4 = 20$；$y^4 = 4x^2$

首先，我们把第二个方程代入第一个方程中

$x^2 + 4x^2 = 20$

$5x^2 = 20$

解得

$x^2 = 4$

也就是

$x = \pm 2$

然后，我们将之代入第二个方程中

$y^4 = 4x^2$

$y^4 = 4 \times (\pm 2)^2 = 16$

得到

$y = \pm 2$

来，他既然已经引入了符号 x，再引入 y 和 z 也是顺理成章的。

一睹未来

丢番图对于负数也有同样的困扰。他解决过形如 "$4 = 20 + 4x$" 的方程，再有一步之遥就能理解负数的全貌。但是，他没有得出 $x = -4$，反而声称该解没有意义。

丢番图之谜

丢番图方程只接受整数解。现在数学里有不少对这种方程的研究，包括寻找素数解。例如，对于方程 $a^x + b^y = c$，限定找 x 和 y 的整数解就容易一些。

这样的话，我们就不用顾虑像 $a^\pi + b^{-55.0098} = c$ 这样奇奇怪怪的东西了。但是，简单的东西也是会唬人的。比如，$2^3 = 8$ 和 $3^2 = 9$，在连续整数里，只有 8 和 9 能表示成其他整数的幂吗？这个问题是比利时数学家尤金·卡塔兰在 **1844** 年提出的，但是答案（"是"）在 **2002** 年才由普雷达·米哈伊列斯库证明。

有些丢番图问题仍悬而未解。比如：勾股定理的整数解是形如（3，4，5）和（5，12，13）的勾股三元组，扩展到三维会怎样呢？构造一个长方体，使面对角线都是整数，能行吗？（长方体就是由 6 个矩形构成的三维立体。）

面对角线形如下图。

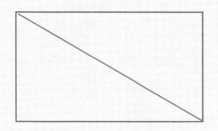

150 年后，尤金·卡塔兰仍在思索丢番图的遗作。

整个长方体形如下图。

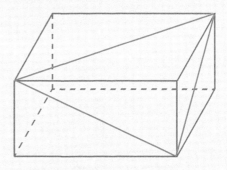

光看它本身，这样的长方体（称为欧拉砖）很难找到。最小的解是面对角线分别为 **44**、**117** 和 **240** 个单位长度。但是，真正的挑战来了：对角两点间的距离（称为体对角线，如下图中的绿线）也是整数的欧拉砖才是完美长方体呢。

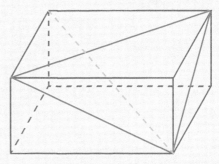

迄今为止还没人发现完美长方体。

平方数之和

1621 年，丢番图的《算术》由希腊文原版翻译成了拉丁文（当时的通用语言），此版本影响了那个时代的许多数学家（包括费马，参见第 **99** 页）。首先受影响的就是译者克劳德·巴奇特，他指出了隐含在《算术》里的一个超越时代、振聋发聩的思想：每个正整数都等于至多 **4** 个平方数之和，例如 $21 = 4^2 + 2^2 + 1^2$，$127 = 11^2 + 2^2 + 1^2 + 1^2$。

最终，在 **1770** 年，约瑟夫·路易斯·拉格朗日证明出了所谓拉格朗日四平方数和定理。但故事尚未结束。还是在 **1770** 年，爱德华·华林暗示对于这些幂还有更简洁的规则。果然如此，**1909** 年，有人证明了每个正整数都能写成至多 **9** 个立方数的和。同年，大卫·希尔伯特证明了华林的正确性，对每个正整数 n 都有

约瑟夫·路易斯·拉格朗日是法兰西数学院的领袖。

另一个正整数 m，使得每个正整数都能写成至多 m 个 n 次幂。但是证明中并没有给出怎么找到 m。直到 **1986** 年，$n = 4$ 对应的 m 找到了，是 **19**。也就是说，每个正整数都等于至多 **19** 个正整数的四次幂之和。

在《算术》一书里，他还阐述了把多个同底数幂相乘等价于底数不变、指数相加的幂的运算法则，例如

$$x^2 \times x^3 = x^{(2+3)}$$

比方说 $100 \times 1000 = 100000$，这背后就是对数的思想啊（参见第 **129** 页），然而他止步于此了。

时代潮头

丢番图列出了解方程的若干基础规则，包括两边同时加减项。比如，我们在解 $x + 2 = 5$ 时，可以将等号两边同时减去 **2**，得到 $x = 3$。虽说他的列表里没有包含作用巨大的代入法（参见第 **50** 页方框），但他确实用到了。用现代数学的观点来看，《算术》在另一个意义上同样是数学的里程碑。它介绍了数学中"域"的思想。域中包含一类数（比如有理数、实数或复数）和运算（加、减、乘、除），还有规则（比如 $a + b = b + a$）。近世代数（即抽象代数）有很多是研究域和域之间的关系的。尽管丢番图在许多方面领先于他的时代，但他在另一些方面又相对落后。毕达哥拉斯门下的许多早期数学家娴熟地掌握了通解的思想，比如 $a^2 = b^2 + c^2$ 的一组解是 $a = 5$，$b = 4$，$c = 3$，但是此外还有很多组解啊。然而，

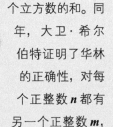

丢番图可没给出过通解（至少在现存的著作里没有），他像古巴比伦人一样只给出了许多例题和答案，即使他提到了有的问题有多个答案。

新时代的到来

或许丢番图的思想对于他那个时代太超前了，数百年间，数学家们都对他的发现置若罔闻，依然用文字书写问题，对他的思想视而不见。阿拉伯数学家对符号语言有一些应用。直到 **16** 世纪，丢番图在符号语言和其他领域的突破才在欧洲被接受和发展。多亏了《算术》，数学家才能用新的方式研究数学，而不是被笨拙的句子和高难度的图表缚手缚脚。于是乎，丢番图经常被称为"代数学之父"。

1970 年，俄罗斯数学家尤里·马季亚谢维奇指出：在不解方程的前提下，无法判定一个丢番图方程是否有整数解，并以此解决了希尔伯特的第十个问题——丢番图方程（如图中方程）的可解答性。

$$3x^2 - 2xy - y^2z - 7 = 0$$
$$x^2 + y^2 + 1 = 0$$

1900 年，德国数学家大卫·希尔伯特（首排左起第三位）提出了 23 个盖世难题——这是对千禧年数学界的挑战。第十个问题是给出一个丢番图方程，判断它究竟有没有整数解。

参见：
▶ 三次方程，第 64 页
▶ 微分方程，第 116 页

第三维度

如果把一条直线或曲线沿坐标轴旋转，得到的形状就叫作回转体。比如，如果沿一条直角边旋转直角三角形，就可以形成一个圆锥体。

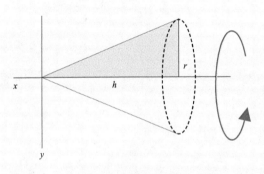

沿一边旋转矩形构成圆柱体。

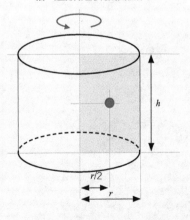

喇叭、棒球、球棒、瓶子、盘子、罐子、鸡蛋……这些东西都有对称轴。

任何有对称轴的形体——球、罐、瓶——都可以认为是回转体。

帕普斯的著述

在数学上，求解不规则形状的体积和表面积是微积分（参见第 **110** 页）的重要应用。但是，在微积分的思想出现很久以前，亚历山大学派的帕普斯就表示用代数也能做到，至少对于一些简单形状是可以的。我们对于帕普斯几乎一无所知，只知道他是古埃及亚历山大学派的教师，其子名为汉玛多鲁斯。古希腊其他名人的传记都是别人写的，但帕普斯的故事与众不同，都是他自己的手笔。我们可以假定这些命题都是对的。我们也可以大致得知他生活的年代，因为他提及的日食是公元 **320** 年出现的，而且在一本公元 **411** 年出版的著作中也提到了他。

维度的关联

帕普斯的智慧在于，他发现可以想象由平面图形旋转得到立体形状。他可以用代数做到这件事，就是把平面图形的公式"旋转"成立体形状的。要计算回转体的体积，我们定义回转半径为平面图形的中心到旋转轴的距离。例如，矩形这类简单图形的中心很容易找到，就在对角线的一半处，则旋转半径为 **(1/2)r**。所以，回转

甜甜圈在数学里是个圆环，使用帕普斯定理寻找它的体积很简单，只要我们"解构"它就好了。沿圆环截开，得到一个半径为 r 的圆形，使它沿半径为 R 的圆周转一圈就形成了圆环。

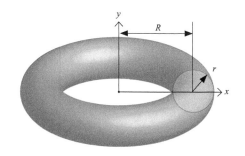

所以，按照帕普斯第二定理（参见第 **57** 页），圆环的体积就是本体的面积 × 旋转一圈的长度，也就是 $\pi r^2 \times 2\pi R$，即 $2R\pi^2 r^2$。

体的底边周长就是 $2\pi(1/2)r$，也就是 πr。

然后，用回转体的底边周长乘上矩形的面积（也就是 hr），通过旋转矩形得到的圆柱体的体积就是 $\pi r^2 h$。

寻找中心

对于更复杂的平面图形，例如半圆（旋转一周构成球体），中心的位置就没那么显而易见了。这个中心位置是由重心来定义的。大概是阿基米德发明了重心的概念。图形的重心就是能使图形平衡的点。所以，如果用一根细绳穿过重心，该图形就能平稳地悬起来。对于平面上的半圆，重心就在距离直径 $4r/3\pi$ 的地方。所以，半

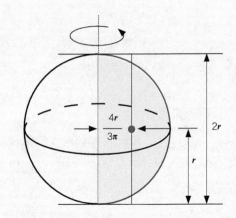

球体可以看作由半圆旋转一周构成的。

圆的重心旋转一圈的长度就是 $2\pi \times 4r/(3\pi)$。半圆的面积是 $\pi r^2/2$。因此，回转体的体积就是"重心走过的长度 × 截面图形的面积"，即 $2\pi \times 4r/(3\pi) \times \pi r^2/2$，也就是 $(4/3)\pi r^3$。

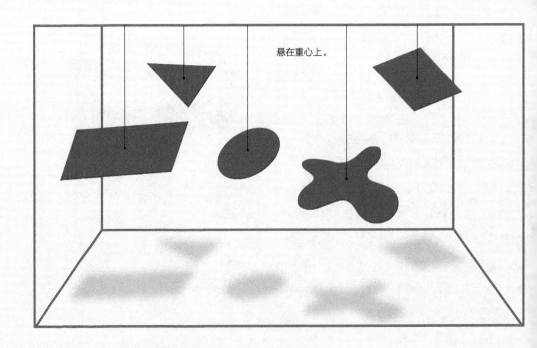

悬在重心上。

无论是多么奇怪的三角形，重心都在 3 个角与对边中点连线的交汇处。

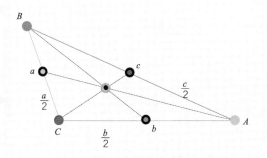

帕普斯第二定理

帕普斯第二定理用现代术语总结起来是这样的：

一个图形绕外部的轴旋转生成的回转体的体积等于此图形的面积与其重心走过的距离的乘积。

"外部"这个词表示轴一定不能穿过图形本身。这个定理可以用在相当复杂的形状上（参见第 **55** 页方框）。回转体的思想对文艺复兴时期的艺术也有深刻的影响（参见第 **59** 页方框）。

各种表面

帕普斯也描述了如何计算回转体的表面积。正如数学中通常所做的，我们需要精确定义我们到底要求什么。如果我们想知道做个管道要用多少材料，那只需要关注圆柱体的表面积，就是边长（矩形的高度 h）乘以旋转的圆周长。圆周的半径也是由重心定义的，但此处是旋转的边的重心（回转半径是 r），而不是平面图形本身的重心（回转半径是 $r/2$）。所以，旋转的圆周长就是 $2\pi r$。再乘上旋转的边的长度 h，圆柱体的表面积为 $2\pi rh$。

帕普斯第一定理

如果是求圆柱体的整个表面积，就得包括两端的圆盘。每个圆盘的面积是 πr^2，故而整个圆柱体的表面积是 $2\pi rh+2\pi r^2$。关于回转体表面积的帕普斯第一定理用现代术语表示是这样的：

帕普斯为了鼓励更多人进行数学研究，撰写了一套 8 本的《数学汇编》。

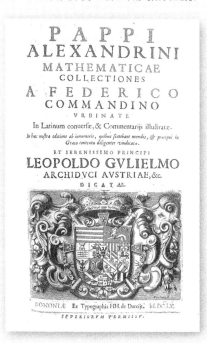

帕普斯六边形定理

准备两把尺子，在每把尺子上任取 **3** 个点，如下图做标记。

随手一抛，这些点的位置变成随机的了。

连线：*P*1 到 *Q*2 和 *Q*3，*P*2 到 *Q*1 和 *Q*3，*P*3 到 *Q*1 和 *Q*2。

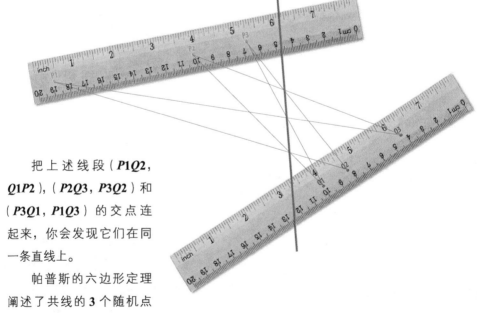

把上述线段（*P*1*Q*2，*Q*1*P*2），（*P*2*Q*3，*P*3*Q*2）和（*P*3*Q*1，*P*1*Q*3）的交点连起来，你会发现它们在同一条直线上。

帕普斯的六边形定理阐述了共线的 **3** 个随机点与另外共线的 **3** 个随机点连线相交得出的 **3** 个点还是共线的。

一条曲线绕外部的轴旋转生成的回转体的表面积等于此曲线的长度与旋转的边的重心走过的距离的乘积。

在帕普斯的众多其他发现中，六边形定理是关于数学与科学主题的最古老又最美妙的一个例子：从看似混乱的情形中寻找秩序（参见上页方框）。

黑暗降临

在帕普斯现存的著作中，他对当时数学的滞后做了说明。当年，古希腊王国已然衰亡，帕普斯所在的亚历山大归属罗马帝国。古罗马人对新的数学似乎毫无兴趣，而当他们自己的罗马帝国也衰败之后，西方世界陷入愚昧无知的境地，此时被称为黑暗时代。

回转的艺术

利用平面图形旋转生成三维图形的思路，对绞尽脑汁描绘此类形状的透视图的艺术家来说，乃是大大的福音。这张花瓶的图样出自 15 世纪中期意大利艺术家保罗·乌切洛的手笔。

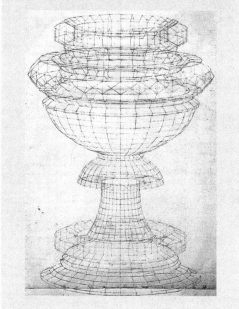

参见：
▶ 寻找最大值，第 86 页

古代亚历山大的奇迹在帕普斯时代之后凋亡。到 18 世纪，彼时的遗迹仅有庞贝石柱尚存。

代数学东渐

在巴格达的智慧宫，代数学成为通用的学问。

亚历山大从前是个古埃及小镇，在古希腊人和古罗马人入主之后发展壮大，被称为世界最大的数学中心，并持续数百年。

但是，在公元 5 世纪，亚历山大数学的辉煌逐渐消逝。公元 415 年，女数学家、天文师希帕提娅在宗教极端暴力中遇害。许多学者为求保命离开了亚历山大。公元 641 年，亚历山大被占领，占领它的穆斯林学习了城中积累和发展的古希腊数学知识。762 年，阿拔斯王朝定都巴格达，那里成为新的学问中心。

学问中心

巴格达的学者在这里除了可以研究古希腊的科学和数学，波斯、印度和中国（参见第 62 页方框）的文化也包含在

在花拉子密的阿拉伯文著作的标题中出现了"代数"这个词。

原理

算法

当今，算法这个词指的是计算机绝大部分计算的核心方法。

人跟计算机可不一样，形形色色的数学问题，人都有能力解决，不需要解释。比如，用曲线去拟合散点，用数学方法显得太烦琐，我们徒手一画就能漂漂亮亮。还有，右边图形的面积是多少呢？一种解法是把它拆分成两个三角形、一个矩形和一个半圆形，算出各个图形的面积再求总和。

把精确过程写下来供后人参考可花工夫了。而且，还有别的拆分方法呀，因此几乎不可能编写出有关如何确定最简单的计算方法的说明。但是让人来做瞬间就可完成，而且可以做到不假思索。

人类，尤其是儿童，学习各种技巧、解决各种问题的能力是非常强的。但是，这种能力计算机可学不来。让计算机解决数学问题只能一步一步告诉它怎么做。即使每步都输入了计算机中也没什么意义——还不如你自己解得快呢。关键是算法，或者说是

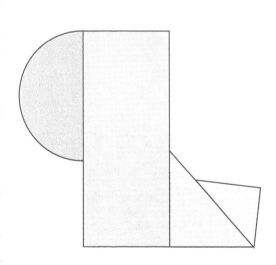

明确定义的数学过程，可以不断重复使用以解决问题。

古印度和中国的数学

考古发现，早在公元前 **1200** 年，古印度人就已经积累了大量的数学知识，并在阿拉伯王国广为流传。几世纪后，风水轮流转，西欧的

古代中国数学家仰观天文，通晓星辰。

斐波那契（参见第 **66** 页）和其他文艺复兴时期的学者又崭露头角。十进制系统和零的概念尤为重要。中国和古印度的代数学独立于古希腊，许多方法（例如图解法）和结果（例如勾股定理）都十分独特。

内。大约公元 **800** 年，重要学术中心智慧宫在巴格达落成，学者可以在此聚会讨论，研究科学和数学的名著，温故知新，传道授业。这里最伟大的学者之一乃是穆罕默德·本·穆萨·阿尔·花拉子密，他的巨著《代数学》（直译为《移项和集项的科学》或《积分和方程计算法》，后在传播中逐渐简化）乃是丢番图的《算术》现世以来 **600** 年间最重要的数学书。事实

上，"代数学"一词就是来自它的阿拉伯语书名 *Al-kitab al-mukhtasar fi hisab al-jabr walmuqabala*。"算法"（参见第 **61** 页方框）一词来自花拉子密的拉丁文名字 **"Algorismus"**。

算胜于筹

直译书名里的"集项"是说方程两边同加一项，"移项"是说同减一项，丢番图（参见第 **47** 页）引入了这两个核心方法，由花拉子密在阿拉伯世界发扬光大。《代数学》一书并未采用丢番图发明的强有力的数学符号的表示方法，问题（包括数字）都是用文字描述的，这跟早期古巴比伦和古希腊数学家的做法一样。这本书虽然新意不多，但是影响深远。花拉子密把代数作为一个独立的学科，而不单是辅助计算的技巧。另外，尽管花拉子密解决的问题大多比古巴比伦人或丢番图解决的问题简单，但方法有创新。他并不直接找方程的解，而是先简化方程，把方程归类，然后根据类别应用不同的方法。这种分而治之的解决方法被沿用至今。

参见：
▶ 代数学法则，参见第 82 页
▶ 抽象代数，参见第 158 页

埃拉托色尼筛选法

1	**2**	**3**	4	**5**	6	**7**	8	9	10
11	12	**13**	14	15	16	**17**	18	**19**	20
21	22	**23**	24	25	26	27	28	**29**	30
31	32	33	34	35	36	**37**	38	39	40
41	42	**43**	44	45	46	**47**	48	49	50
51	52	**53**	54	55	56	57	58	**59**	60
61	62	63	64	65	66	**67**	68	69	70
71	72	**73**	74	75	76	77	78	**79**	80
81	82	**83**	84	85	86	87	88	**89**	90
91	92	**93**	94	95	96	**97**	98	99	100

埃拉托色尼筛选法是早期寻找素数的算法的例子，来自大约公元前 200 年。

我们先把要"筛"的数字写下来。素数的定义是"大于 1 且只能被 1 和它自身整除的数"。

首先我们划掉 1，根据定义它就不是素数。能被 2 整除的数不是素数，我们把数逐个遍历（"逐个遍历"在算法中很常见，很容易编程并利用计算机实现），除了 2 本身，其他能被 2 整除的数都删掉。我们再对除 3 以外，能被 3 整除的数重复上述动作（"重复上述动作"也是典型的计算机用语）。

我们不断对后续（"后续"也是算法的术语）数字重复上述动作。最终结果就是这样，所有素数都"筛"出来了。程序代码可以这样编写。

定义数组 PRIMES[1 到 100]

把数组 PRIMES 中全部元素的值设为 1

A[1] = 0

A 逐个遍历 2 到 100

B 逐个遍历 2 到 10

A 除以 B

如果没有余数且 A ≠ B

则 PRIMES[A] 设为 0

当 A ≤ 100 时

读取 PRIMES[A]

如果 PRIMES[A] = 1 则输出 "A 是素数"

程序结束

（B 只遍历到 10，因为在一个序列的 n 个数中寻找素数，筛法只需要考察被 $\sqrt{n}$ 整除的情况。）

三次方程

欧玛尔·海亚姆在20 岁时写下数学著作，之后便转向诗人生涯

欧玛尔·海亚姆如今以诗人的身份赫赫有名。他的《鲁拜集》的英译本，自1859 年出版以来就风靡世界。然而，在代数学的发展上，他也因于1068 年写下《关于代数问题的论证》一书成为核心人物。

欧玛尔·海亚姆跟花拉子密一样，也没用丢番图开拓的强大的符号语言，而直接用文字写下他的题目。跟花拉子密一样，他对数学技巧的清晰阐述也促进了未来数学的发展。海亚姆尤其关注三次方程。三次方程是阿基米德首先研究的，丢番图也以此扬名，但是海亚姆采取了更为严谨的办法，将之分成了 14 类，各类分别阐述解法，包括某种他发明的基于圆与平行四边形相交的方法（参见下页方框）。

何谓数

海亚姆构造了类似古巴比伦人解决实际问题的实用工具，然而他的享誉半是巧

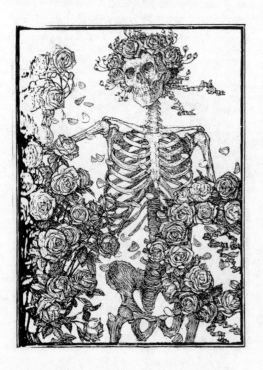

警示寓意图，出自欧玛尔·海亚姆的《鲁拜集》，1913 年版。

艺、半是哲思。他对数学思想与现实事物的关联性颇有兴趣，这个问题至今在数学哲学中仍举足轻重。"数也，真耶幻耶？"问题既发，更觉严峻。数字不像果子呀书呀那样实实在在，但也不像龙那样虚无缥缈。"两个苹果"与"**3**个苹果"是迥然不同的。或许我们可以说数字如同文字，相对于实体来说，它们无外乎都是人造之物；但是"两个苹果"与"**3**个苹果"的差别更像是发现一种自然现象而不是发明一件本不存在的东西。

海亚姆关于三次方程的第一本著作，不是很有名。

原理

解三次方程

欧玛尔·海亚姆的方法可解形如 $x^3 + bx = c$（虽然它原本不是写成这个形式的）的三次方程。下述用海亚姆的方法解 $x^3 + 7x = 48$ 的过程。我们先画一个正方形，它的面积 $b = 7$，再画一条抛物线穿过它的左上角和右下角。在正方形旁边再画个半圆，直径为 48/7，方程的解（我们称为 x 的值）就是正方形的右边到抛物线与半圆的交点的水平距离。答案就是 **3**，我们可以把 $x = 3$ 代回方程验证：$3^3 + 7×3 = 48$。跟当时的所有方法一样，画图只需使用直尺和圆规。

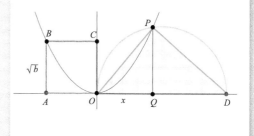

这些问题不仅适用于数字。立方根的概念听起来像是发明出来的，但实际立方体的体积与边长之间确实存在关系。

参见：
▶ 不是实数的数，第 74 页
▶ 帕斯卡三角形，第 102 页

数列与级数

斐波那契将现代数字系统引入了欧洲。

几个世纪以来，代数学的历史是由一本本巨著构成的。丢番图的《算术》、花拉子密的《代数学》和欧玛尔·海亚姆的《关于代数问题的论证》依次成为学生和数学研究者的重要参考书。

接下来的大数学家乃是斐波那契，他也有本巨著，论其影响力大概无出其右。他的《计

算之书》（亦译作《算盘全书》《算经》）出版于 1202 年，向西欧介绍了阿拉伯数字系统，遂遍及世界，被人们沿用至今。它取代了计算时异常烦冗的罗马数字系统（参见第 71 页方框）。

非洲的影响

斐波那契的本名是比萨的列奥纳多，他云游四海，乃成大师，跟毕达哥拉斯有点相似。他生于意大利，在非洲北部的布西亚（今阿尔及利亚的贝贾亚）求学。意大利商业繁荣，比萨巨贾往来布西亚贸易。比萨政府差遣斐波那契之父到此协助，斐波那契也一同前往学习经商。在布西亚的会计学校，斐波那契大概也读了花拉子密和海亚姆的作品，然后随父辗转叙利亚、

٠١٢٣٤٥٦٧٨٩

0 1 2 3 4 5 6 7 8 9

埃及、法国和希腊。那时候，年轻的意大利商人这么云游可不常见，斐波那契尤为与众不同的乃是他在旅途中发现了自己对数字系统的热爱。他回到比萨后，写下了《计算之书》，书里不仅包含阿拉伯数字系统（本源在印度）的细节与优势，也对商人计算利息等问题予以数学指导。

兔子繁衍

《计算之书》中包含了一个如今以斐波那契冠名的数列的计算方法。他通过考虑兔子数随时间的自然增长的问题得到这个数列。如果我们假定每对兔子每月生一对小兔子，小兔子长到一个月大可以繁殖，那么从 1 月出生的一对兔子开始，一共有：

1 月：最初的一对；

2 月：还是一对；

3 月：最初的一对和它们的一对小兔子罗恩和露丝，一共两对；

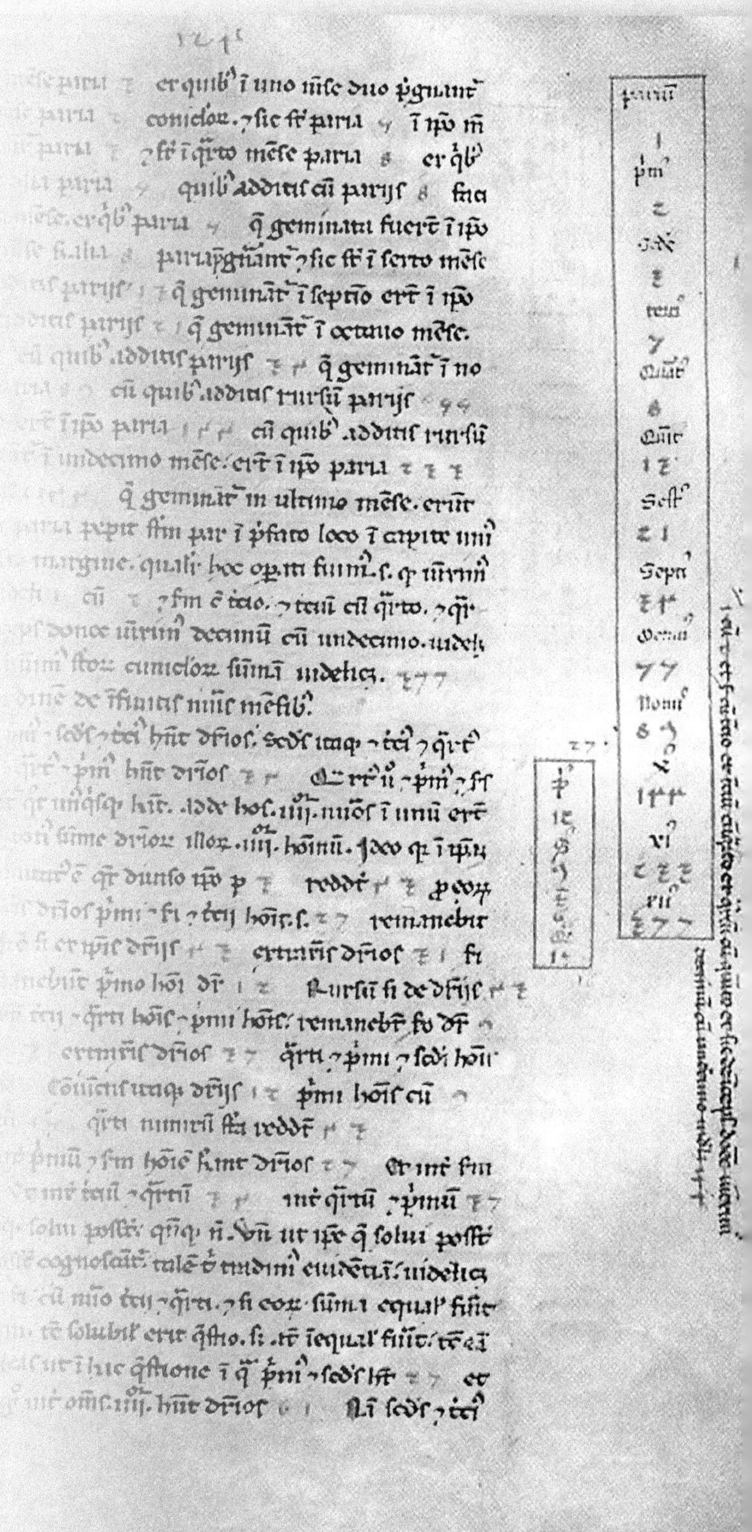

这个著名的数列首现于斐波那契的《计算之书》中。

斐波那契数列描绘（假想的）兔
子繁衍，月复一月。

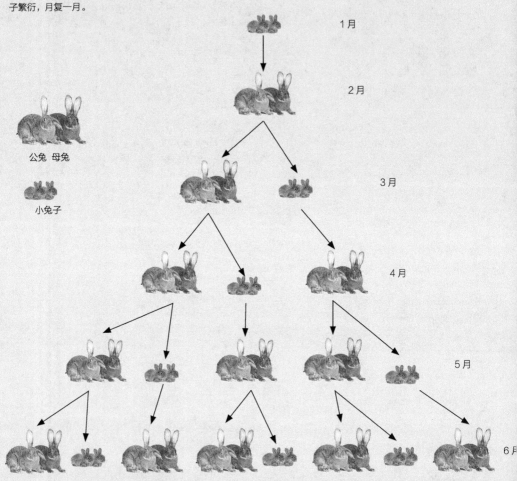

公兔 母兔

小兔子

1月

2月

3月

4月

5月

6月

4月：最初一对的新生儿（瑞秋和罗
伯特），还有罗恩和露丝，一共 3 对；

5月：以上 3 对，再加上最初一对的新
生儿，还有罗恩和露丝的孩子，一共 5 对；

6月：以上 5 对，老爸老妈的第四胎，
罗恩和露丝的第二胎，还有瑞秋和罗伯特
的第一胎，一共 8 对。

用文字描述这个数列的增长很复杂，

1, 1, 2, 3, 5, 8, 13, 21, 34, 55, 89, 144, 233

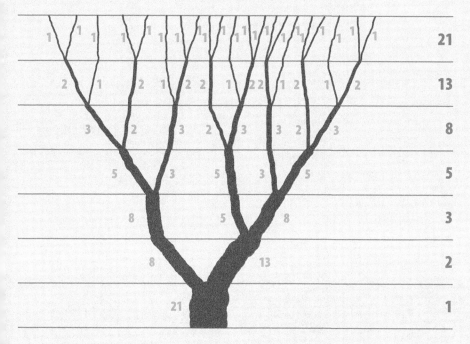

连树木也是按斐波那契数列开枝散叶的呢。蓝色数字表示树木向上生长时一共分了多少枝，绿色数字表示各层有多少小枝。

但是用数学就很简单：取前两个数，加起来（1+1=2），再把新的数加上前一个数（1+2=3），如此这般（2+3=5，5 +3 = 8，8 + 5 =13，…）。F_n 可以定义为 $F_n=F(n-1)+F(n-2)$ $(n \geq 3)$。

大自然中的斐波那契数

斐波那契数列无穷无尽：1，1，2，3，5，8，13，21，34，…它也在大自然中频频出现，令人啧啧称奇。花瓣的数量是斐波那契数，向日葵籽沿曲线方向按斐波那契数排列，菠萝和松塔也是如此。蜜蜂的世代繁衍也遵从斐波那契数列：雄蜂只有一个母亲，雌蜂有一父一母，也就是说雌

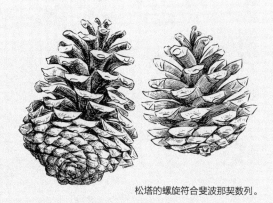

松塔的螺旋符合斐波那契数列。

10, 987, 1597, 2584, 4181, 6765, 10946, …

蜂有一对父母，3 个祖父母，5 个曾祖父母，以此类推。

尽管斐波那契数列威力强大，但它跟现实中的兔子繁衍情况并不契合！兔子通常一胎生 6 只小兔子，而不是两只；小兔子 6 个月才成熟，而不是 1 个月。这个嘛斐波那契大概也知道，但是简化的情景在数学上才更有趣哦。

级数

在数学里，所谓数列就是一串有顺序的数，比方说整数就构成一个数列，把它们加在一起就是级数（参见下图，级数是指将数列的项依次用加号连接起来的函数）。研究级数是数学中的重要内容。卡尔·弗里德里希·高斯（参见第 **130** 页）

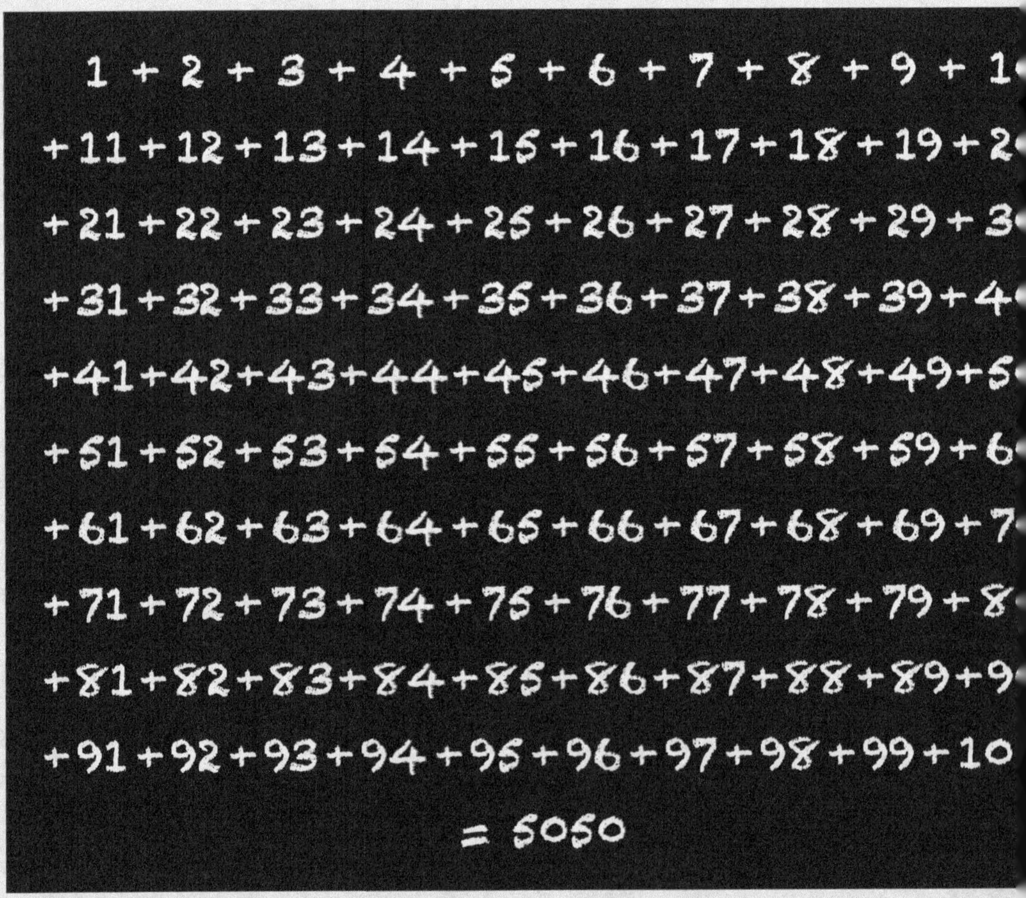

$$1+2+3+4+5+6+7+8+9+10$$
$$+11+12+13+14+15+16+17+18+19+20$$
$$+21+22+23+24+25+26+27+28+29+30$$
$$+31+32+33+34+35+36+37+38+39+40$$
$$+41+42+43+44+45+46+47+48+49+50$$
$$+51+52+53+54+55+56+57+58+59+60$$
$$+61+62+63+64+65+66+67+68+69+70$$
$$+71+72+73+74+75+76+77+78+79+80$$
$$+81+82+83+84+85+86+87+88+89+90$$
$$+91+92+93+94+95+96+97+98+99+100$$
$$=5050$$

古罗马人的难题

罗马数字系统用于计算很麻烦，没有零是一个原因，但主要是因为它不是进位制系统。它的符号是这样的

I (1)

V (5)

X (10)

L (50)

C (100)

D (500)

M (1000)

问题在于字符的顺序，字符之间有时得求和 **(XI = 10+1 = 11)**，有时得求差 **(IX =10–1 = 9)**。

平时如果我们在做加减乘除没法心算时，一般是这样列竖式的

1979

+762

364

×27

然后一列一列依次做计算。我们这么做的缘故是把数字分隔在了个、十、百、千位上。但是在罗马数字系统里，**1979** 写成 **MCMLXXIX**，各列并没有把数字拆分。第一个 **M** 代表 **1000**，**C** 的

罗马数字系统与阿拉伯数字系统在计算上的优劣，数学家已争论了数百年。

含义我们根据第三位的 **M** 得知这里需要减去 **C**。**LXX** 的意思是 **50+10+10**，**I** 的含义我们根据右边的 **X** 得知这里是减去 **1**。最终，我们得到 **1000 – 100 + 1000 + 50+ 10 + 10 – 1 + 10**。由上可知，我们光凭一个字符本身根本没法知道它的含义，因此计算无法逐列进行，令人头痛。

是数学家中之翘楚，在学校里已经崭露头角。1787 年，他的老师为了让学生埋头干活，叫他们把 1 到 100 的数都加起来，看看结果是多少。不到一分钟，10 岁的高斯就给出了答案：5050。大数学家

卡尔·弗里德里希·高斯的才华在幼年时已经脱颖而出。

很少有精通心算的，高斯也不例外，他能迅速得出答案是因为 1+ 2 + ⋯ + 100 这个数列的和可以通过简单的公式分 3 步就可得到。

加到 100

高斯究竟是早就发现了这个公式，还是由老师的问题引出的，这就不得而知了。他的计算方法是这样的。

数列里有 1 到 100 这 100 个数。想象一下掉转数列，还是 100 个数，不过是从 100 到 1。

把第一个数列写在第二个数列的上方。开头是这样的

1	2	3	4
100	99	98	97

如果上下逐对相加，显然它们的和是相同的。

1	2	3	4
+100	+99	+98	+97
=101	=101	=101	=101

我们知道一共有 100 对数，所以两个数列的总和是

$$100 \times 101 = 10100$$

然后，我们将之除以 2，商为 5050，就得到了一个数列的和。

高斯在学校时解题的洞察力已经被载入史册。

当然啦，这个方法无论原数列多长都可以，解的通项公式为

$$1 + 2 + \cdots + n = n(n+1)/2$$

其他级数

某些级数出人意料。例如，这个级数

$$1 - \frac{1}{3} + \frac{1}{5} - \frac{1}{7} + \frac{1}{9} - \cdots$$

它的和为 $\pi/4$，虽说它看起来跟圆毫不相干。

另外一个有趣的级数是

$$\frac{1}{2} + \frac{1}{4} + \frac{1}{8} + \frac{1}{16} + \cdots$$

它的和为 1，这倒是可以一目了然：想象一根 1 米长的尺子，给它的一半涂上颜色；把剩下的部分（尺子的 1/4）再涂一半；把剩下的部分（尺子的 1/8）再涂一半；再后是 1/16，如此这般。显然，无休止地涂下去最终会达到尺子的尾端，也就是问题的出发点。

收敛与发散

结果趋向一个值的级数被称为收敛级数，否则称为发散级数。例如 $1 + 2 + 4 + 8 + 16 + \cdots$，把该数列的各项加起来，和是无穷大。

冒失地下结论是很危险的，在数学中尤其如此。例如这个级数

$$\frac{1}{2} + \frac{1}{3} + \frac{1}{4} + \frac{1}{5} + \frac{1}{6} + \cdots$$

虽然看起来结果会收敛到一个数，其实这是个发散级数哦。如果我们把各项累加，将得到无穷大。这个级数增长得很慢，所以挺有欺骗性。我们加了前 **12367** 项才得到 10，即使再加一亿项也还没到 **20** 呢。

折半涂色的尺子：无限多个分数相加可以得到有限的和。

参见
▶ 帕斯卡三角形，第 102 页
▶ 微积分，第 110 页

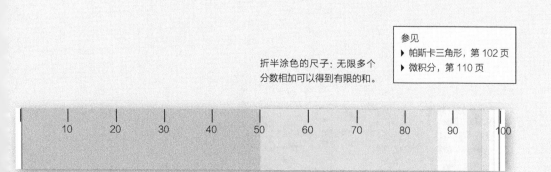

不是实数的数

二次方程 $5x^2 + 2x + 2 = 0$ 的解是什么呢？一直到 15 世纪，数学家们都认为它无解。那怎么可能呢？

通过二次方程通项公式，我们可以看出数学家的理由

$$x = \frac{-b \pm \sqrt{b^2 - 4ac}}{2a}$$

其中 $a = 5$，$b = 2$，$c = 2$。根号里面的部分（通常称为判别式）就是 $2^2 - 4 \times 5 \times 2$，

尼科洛·方塔纳·塔塔利亚是能解各种类型的三次方程的第一人。他因著作《新科学》里关于抛物和弹道的研究而扬名。

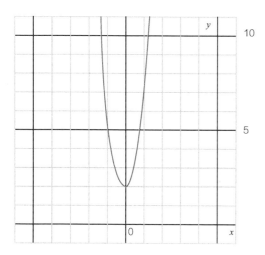

因曲线不穿过 x 轴造成了难题。

得 **−36**。**−36** 可求不出平方根。任何实数自乘都得不到 **−36**。画出方程的图像就一目了然了（参见上图）。二次方程的解就是曲线穿过 x 轴时的 x 值。因为曲线并没有穿过 x 轴，所以方程就没有解。或者看起来是这样的。

超越几何

自从代数学在古巴比伦诞生，除了古希腊的显著成就之外，数学在 **4000** 年间就乏善可陈了。直到 **15** 世纪才有所改观。古希腊数学在几何学方面仍无人能凌驾其上（有些作品过于复杂，现代的大数学家也难以掌握），代数学则有了新的发展。

14 世纪的时候，阿拉伯数学著作，包括古希腊数学的译本开始在西欧出现。这

是贸易增多之惠，尤以贸易大国意大利收益最多。新知识引出新发现，它们源于艺术，盛于艺术，亦渐渐浸入科学和数学。这就是文艺复兴，也就是"重生"的意思。

数学之战

15 世纪晚期，数学风靡意大利，甚至会有数学家进行"数学决斗"——择日以题相竞。输家有多少题没解出来，就得请对手的多少个朋友吃大餐。许多决斗是关于当时最大的数学之谜：形如 $ax^3+bx^2+cx+d=0$ 的三次方程的解。

阿基米德给出了某些范例的解，但大多数三次方程受限于当时的数学水平而没有被解出。许许多多的因素使得问题解决起来非常困难。首先，丢番图的工作仍被大大忽视，数学问题依然用文字而不是符号去表述和解决。此外，当时的人们仍不接受负数。

秘籍

某次特殊的决斗引起了千年以来的数学剧变：博洛尼亚的数学教授西庇安·达尔·费罗发现了形如 $x^3 = ax+b$ 的三次方程的解法。具体怎么解的我们不得而知，或许也并没有解出来。那时候数学的解法都是秘而不宣的。费罗只给两个人透露了这个机密，其中一人是他的学生安东尼

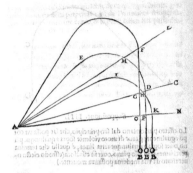

塔塔利亚关于弹道的早期著作需
要对曲线有深刻的理解。

（家里没钱支付学费，他还没学到字母"L"
就辍学了，甚至还不会拼写自己的名字）。
然而他坚持自学数学，并把古希腊数学家
的作品翻译成意大利文。就因如此，加上
他也教授算术，从而声名远扬，引来了菲
奥的挑战。塔塔利亚的任务是解 30 个形
如上述的三次方程。

佯战获胜

传说中既然三次方程是无解的，塔塔
利亚并没把菲奥当回事，好几周都没动手

奥·菲奥。费罗天年已尽，菲奥乃以其秘
法于决斗中大展雄风，横扫彼时的数学
名家。

一决胜负

菲奥选中了对手尼科洛·方塔纳·塔
塔利亚。他于公元 1499 年生于布里西亚，
"塔塔利亚"的意思是口吃的，因为在童
年时家乡遭遇法军入侵，他的咽喉受创，
所以言语不便。塔塔利亚的父亲是个通讯
员，收入微薄，塔塔利亚的学业半途而废

解题。

然而在故事里，在离决战日（1535 年 2 月 12 日）没多久时，他听说了菲奥的秘密武器，大惊失色，于是破釜沉舟，找到解法，而这时离决战日仅剩 8 天。此后，问题就迎刃而解了，他花了两个小时就大功告成。以上就是我们所知的关于此次事件的记录，听起来不可思议——无解之谜，塔塔利亚为何应战？听说菲奥能解，他为何突然惊慌？似乎他对这一切都心知肚明吧。

决战时间匆匆流过，菲奥对塔塔利亚出的题目一筹莫展，所以得宴请 30 个人——若是塔塔利亚没有慷慨赦免，他就

在伽利略的推动之前，塔塔利亚对于落体的研究处在此领域的前沿。

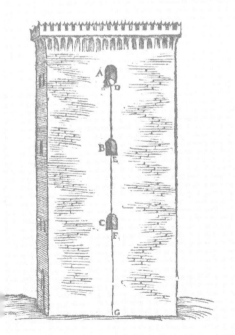

真得破钞了。对塔塔利亚而言，扬名立万足矣。

卡尔达诺登场

因为检验三次方程的解十分容易，只要简单地代入 x 值。塔塔利亚无须再复述方法。决斗的结果迅速传遍天下，许多人向塔塔利亚请教三次方程的解法，但是他都闭口不言，直到他遇到了杰罗拉莫（又名希尔奥尼莫斯）·卡尔达诺。

卡尔达诺相信自己有超自然的能力。他声称自己可以用"第二视觉"观测人体的内部组织，可以以之止血疗伤。事实上，他是一位成功的医生，所以被特许进入米兰的物理学院，尽管按照学院通常的规定来说，卡尔达诺这种未婚生子之人是要被拒之门外的。

卡尔达诺还宣称他可以预言骰子的点数。这可真让人吃惊，因为就他自己而言，他深恨自己花费了 40 年的时间在象棋赌博上；等他改玩骰子之后，他对此更是恨上加恨。但是，经验促使他成为第一位分析机会在游戏中的作用的数学家，发明了概率论。他的赌博能力很强，赢了大笔奖金用以维持生计。

困难的角色

卡尔达诺惹恼了很多人。一部分是因

为他计算耶稣的星盘激怒了天主教会，另一部分是因为他惯于对别人讲"逆耳忠言"。对于塔塔利亚，卡尔达诺尽力遏制习惯，多次好言软语去请教解三次方程的秘密方法，但是直到他承诺引荐塔塔利亚给权势煊赫的伦巴第总督事情才有转机。塔塔利亚依然拒绝透露机密，但是很期待见总督，就接受邀约来到卡尔达诺的府邸。究竟发生了什么，无人知晓。但是塔塔利亚很快就离开了，连总督都没见，却告诉了卡尔达诺他的秘诀（在一首怪诗里），并强调卡尔达诺必须完全保守秘密，不得泄露给他人。

《大术》

因为秘诀十分复杂，而且是用文字（有些地方因韵害意）描述的，卡尔达诺花了好几年才解读出来，随即在他的《大术》中将之发表，没有信守对塔塔利亚的保密承诺。塔塔利亚狂怒，对卡尔达诺提起数学决斗。卡尔达诺火上浇油，自己没出场，而是让秘书代劳。更令人唏嘘的是，卡尔达诺的秘书在数学上天赋异禀，塔塔利亚一败涂地。

负根

在塔塔利亚著作的公式里，卡尔达诺

杰罗拉莫·卡尔达诺的名著《大术》的封面。

发现解经常是负数或者负数的平方根。跟从前的数学家一样，他也不假思索地拒绝了这一概念，认为负数"全是假的"。尽管如此，他还是将之简略地写在了《大术》里。比如，他尝试解方程组

$$x + y = 10$$

$$xy = 40$$

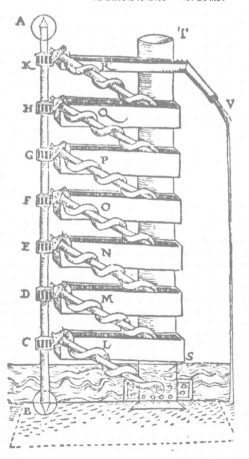

1554 年，杰罗拉莫·卡尔达诺绘制的螺旋状供水系统——以电供能。

得到的解为 $x = 5+\sqrt{-15}$，$y = 5-\sqrt{-15}$ 或 $x = 5-\sqrt{-15}$，$y = 5+\sqrt{-15}$。

虚数

如今，我们把 $\sqrt{-15}$ 表示成 $\sqrt{15}\text{i}(\text{i}^2=-1)$，大约是 **3.873i**，并称其为虚数。这是个强力又常用的概念，但是卡尔达诺不以为然。他发表了世界上第一个虚数的示例作为方程的解之后不久就否定了它，说它是"奇技淫巧，一无是处"。

在 1545 年《大术》著成后，卡尔达诺来到苏格兰，成为年仅 15 岁的爱德华六世的宫廷物理学家。卡尔达诺呈上星盘，预言了国王的长寿生涯中的诸多事项。然而，数月之后爱德华六世即驾崩，卡尔达诺匆匆回到故乡。

卡尔达诺预言他自己将于 1576 年 9 月 21 日死亡。据记载，为了证明他确乎有预言的超凡能力，卡尔达诺在此日自尽。

发现事实

卡尔达诺认为虚数不值得思考，但拉法耶尔·蓬贝利做了彻底的探索。蓬贝利是意大利博洛尼亚的一名工程师，在 1545 年《大术》出版时他正值 20 岁。5 年后，他写出了自己的大作《代数学》的草稿。不幸的是，蓬贝利是个完美主义者，《代数学》直到 1572 年才部分出版，1929 年

才出全本。如果这本书能早些问世，数学史将会截然不同，因为此书在许多方面都具有翻天覆地的意义。

使用方程

事实上，蓬贝利遵循丢番图的方法用符号进行数学表达，他是写出二次方程的第一人——虽然数学家们已经把二次方程作为主要研究对象长达 **4000** 年之久。这真不可思议。

但或许更重要的是，这是丢番图在 **1000** 多年前刻画虚数以来第一本正正经经研究虚数的书。蓬贝利列出了有关虚数的计算法则（参见右页方框）。

参见：
▶ 四元数，第 148 页
▶ 抽象代数，第 158 页

1572 年，拉法耶尔·蓬贝利的著作《代数学》的封面，该书拓展了复数的用途。

原理

虚数与复数

蓬贝利和当今的数学家一样极少单独地使用虚数，而是使用既有实部又有虚部的复数，形如 *a+b*i。一个复数的例子是 **4+3i**。

通常，复数的两个部分可以画在复平面的坐标系上。**4+3i** 是这样表示的：

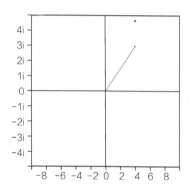

这被称为阿尔冈图。1806 年，让 - 罗贝尔·阿尔冈提出了思路。

处理复数时脑子里要把握的关键点是：实数与虚数就像苹果和梨，你可以各自加总，但不能混为一谈。

复数的加减法相当简单，例如：

$(4 - 3i) - (2 - 5i) = 4 - 3i - 2 + 5i = 2 + 2i$

复数的乘法有点不同。当计算 $(a + b\text{i}) \times (c + d\text{i})$ 时，我们得依次做 4 次乘法，交叉相乘，得到 $ac + ad\text{i} + cb\text{i} + bd\text{i}^2$。既然 $\text{i}^2 = -1$，上式就相当于 $ac + ad\text{i} + cb\text{i} - bd$。因此，

$(4 - 3\text{i}) \times (2 - 5\text{i}) = 8 - 20\text{i} - 6\text{i} - 15 = -7 - 26\text{i}$

复数的除法嘛……很复杂。

给定 $\dfrac{a + b\text{i}}{c + d\text{i}}$

我们从计算分母的共轭复数开始，共轭复数就是数值一样、符号相反的复数，$c+d\text{i}$ 的共轭复数就是 $c-d\text{i}$。

然后，我们把分子和分母同时乘上共轭复数

$$\frac{(a + b\text{i})\,(c - d\text{i})}{(c + d\text{i})\,(c - d\text{i})}$$

得出 $\dfrac{ac - ad\text{i} + cb\text{i} + bd}{c^2 + d^2}$

所以 $(4 - 3\text{i}) \div (2 - 5\text{i})$

就等于 $\dfrac{8 + 20\text{i} - 6\text{i} + 15}{2^2 + 5^2}$

也就是 $\dfrac{23 + 14\text{i}}{29}$

最后，我们把实部和虚部分开，最终答案是

$$\frac{23}{29} + \frac{14}{29}\text{i}$$

代数学法则

如今，数学研究的形式就是使用数学符号清晰地证明问题，并且将之写成简明的论文遍传天下（常常是在线上发表）。

弗朗索瓦·韦达，
代数符号学之父。

16 世纪与今天不同，数学家主要是用文字、数字和图表来工作，还常常对机密方法长年累月秘而不宣。当他们正式发表时，往往长篇累牍都是用数字和文字描述的具体数值问题，跟古巴比伦陶土板上记录的数学问题别无二致。冗长且不谈，这些例题虽然证明了这些理论和技巧对于某些场景是适用的，却没说清为什么适用。为了说清楚为什么，证明是必不可少的，但 16 世纪的代数书里可没有呢。

新的语言

古希腊人可是截然不同的：他们的数学发现都有严格的证明。缘由就是古希腊人对几何学有一套有力的数学语言。16 世纪的数学家不能扩充古希腊的几何学术语，他们就尝试探索代数学，但又缺乏有效的语言。改变这一切的人乃是弗朗索瓦·韦达。1540 年韦达生于法国，接受良好的教育后成为一名律师。1564 年，韦达受命辅导一位贵妇人的女儿，以此为阶梯，1573 年成为查理九世布列塔尼议会的一员。韦达的新工作干得很出色。后来，亨利三世接替了查理王，韦达在巴黎成为新王的法律顾问。但是，后来因为宗教问题，1584 年终遭罢黜。

破解密码

　　1589 年，国王亨利三世在图尔建立了新议会，召唤韦达到此。同年，亨利三世遇刺，新王亨利四世不但很欢迎韦达，还给了他一份新工作：破解西班牙国王菲利普二世的加密函件。韦达取得了成功（参见第 **85** 页方框）。菲利普二世不信有人能破解他的密码，向教皇申诉法国用黑魔法对抗西班牙，声称韦达就是恶魔。

变量与常量

　　韦达一直为亨利四世效力到 **1602** 年，次年过世。然而，天主教教廷对他的数年放逐左迁恰恰是他的幸事。没了公职，他才能把全部时间都投入到一直心爱的数学研究里。他有个目标，很明确又很大胆：古希腊几何学的威力无穷，代数学在广阔的领域中驰骋，韦达想发明一套新的数学

韦达的名著的标题并没有什么奇思妙想。

规则使双璧相合。新进展的关键在于数学语言的符号和定义的规则。尽管以前变量就是用符号表示的，但韦达是使用符号表示常量的第一人。

　　现在，我们用形如 $ax^2 + bx + c = 0$ 的表达式来表示二次方程。系数（变量前面的数）a，b，c 跟变量 x 一样，表明这个表达式可以刻画所有二次方程。这个思路很了不起，说明我们可以找到通解，我们可以解每一个二次方程。事实上，我们知道二次方程的解就是

$$x = [-b \pm \sqrt{(b^2 - 4ac)}]/(2a)$$

任意与全部

　　利用形如上式的通解，我们做数学就更容易啦（只要代入选好的 a，b，c 的值，做些加减乘除就好），解释起来也更容易啦。比如说，卡尔达诺（参见第 **77** 页）是这么描述二次方程的解法的："把未知

韦达毕生的工作都在法国国王亨利四世的资助下进行。亨利四世在 1594 年加冕为法国国王。

数的第三部分做立方，再加上一半的平方，对和取平方根，加上你刚刚自乘过的那个数的一半得到一个解……"这样的描述不仅烦琐难懂，而且意味着你得花大量时间来研究怎么做计算，而不是考虑为什么这样做和如何改进。使用文字描述也掩盖了公式本身的威力。比如，"b^2-4ac"这部分就是众所周知的判别式，它非常重要，因为它指出了二次方程有几个实根（解）。换言之，即二次曲线几次穿过 x 轴。如果 $b^2 > 4ac$，有两个相异的实根；如果 $b^2 < 4ac$，没有实根。不言及通用形式的话，其中玄机则过于深奥了。

另外，不使用符号语言的代数书里几乎不谈定理的证明，因为大多数形式的证明（参见第 18 页）非得使用符号不可。考虑到这点，我们就不必惊诧于古巴比伦以来代数学进展甚微，数学家们徒耗将近 4000 年来解二次方程；也不必惊诧于在韦达将他的思想发表于 1591 年出版的《分析艺术》上之后，代数学就突飞猛进了。

参见：
▶ 代数基本定理，第 130 页

破译

韦达破解的加密消息早已失传，破解工作的细节也无从考证。但该加密消息所使用的很可能是轮换密码，也就是将每个字母用一个数字或者其他符号代替。

韦达的方法大概是基于我们所谓的字母频率表。他通过数在长文本里每个字母出现了多少次，就会发现有些字母频繁出现，远远超过其他字母出现的频率。在英语里，最常用的字母是 e, t, a, o, i, 还有 s。而在西班牙语（也就是韦达解码的语言）里，乃是 e, a, o, s, n, 还有 r。但是，这种方法有两个主要问题。一方面，文本不同，频率各异，差别之大，使得也就最频繁的前四五个字母是确定的。另一方面，大量的编码文本样例必不可少。韦达破解的第一封信有 500 个字符，对这个方法而言已经相当短了。他期望出现得最频繁的字母大概有 69 个 e，42 个 a，36 个 o，34 个 s，32 个 n 和 26 个 r。但是，所谓"大概"的准头差得挺多——实际差了 15% 左右（所以 e 的数量大概在 58 到 80 个之间）。虽然韦达对找到字母 e 和 a 还挺有信心，但 o，s 和 n 的频率太接近了，韦达对之也没有把握。

韦达迎来了重大突破，他猜测（没有破译的）那个大数字是指金额，那么后面接的词可能就是"达克特"（一种在当时各国通用的货币）。但是，要破解其他文字的含义仍是个艰巨的试错的过程。正如他自己所言："必须留意各种字符，无论密码还是暗语，统计它们出现的次数，然后关注前面和后面的字符，跟最频繁的组合做比较，找到一致的单词和一致的含义。勿惜劳力，勿惜纸墨。"

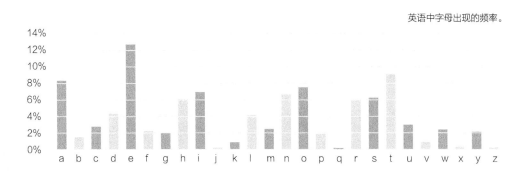

英语中字母出现的频率。

寻找最大值

天文学家兼数学家的约翰尼斯·开普勒，因发现行星运动的数学定律而闻名。1613 年，在他第二次结婚前，他为备婚去酒商处订购美酒。

为了算账，酒商量了酒桶的对角线来计算桶的容量。一桶酒的价格就根据这个对角线来计算。开普勒不以为然，立刻就察觉到度量的结果不仅关乎桶里酒的多少，也关乎桶的形状。如果酒桶又高又窄，里面能装的酒就比对角线一样长但又矮又胖的桶少得多。对于买家，理想的酒桶是同体积下对角线最短的那款。

哪个最大？

为了看看酒商是否弄虚作假，开普勒

约翰尼斯·开普勒最著名的工作是揭秘了星轨背后的数学定律。然而，他关于酒桶的研究使微积分更上了一层楼。

图解圆柱体的最大体积

图中蓝色线表示对角线 **50** 厘米长时圆柱体的体积（单位是立方厘米，其他单位也可以）相对于圆柱高度与底面直径的比例的变化趋势。最大体积出现在比例接近 **0.7** 时，也就是说，圆柱的高度约为 **28.7**，直径约为 **41.0**（**28.7/41.0=0.7**）。在此用橙色线标出。绿色线是曲线通过 **0.7** 这个点时的切线。事实上，切线是水平状态也就是斜率为零。换言之，体积在这保持不变。正是开普勒察觉到，当圆柱体的体积接近最大值时，体积的变化近乎为零。如今，画出函数图像的做法显而易见，但是画

函数图的思想在开普勒之后才兴起。寻找最大体积的最精确方法是求函数的微分，既然微分表示函数的变化率，那么我们要找到变化率为零的点。

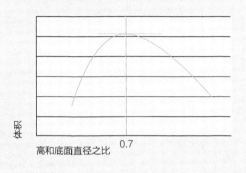

计算了许多对角线相同但底面直径不同的酒桶的体积（为了计算简便，他假设酒桶都是圆柱体，然后降维计算）。在给定的价格下，他想寻找最大的桶，装最多的酒。如今，我们简简单单画个图（参见上面方框）就能解出来了，但是在开普勒的时代还没发明图解法呢。

交易划算？

开普勒手算的内容是如今用微积分一步就能搞定的：寻找函数的最大值。他欣

喜地发现，在一系列对角线相同但底面直径和高度不同的圆柱形酒桶里，容积最大的桶的直径与高度正好与酒商用的一致。所以在给定价格下他买到了最多的酒。

形状与尺寸

开普勒还有些奇妙的发现。比起最佳尺寸的酒桶，非常高瘦的或是矮胖的，即使形状上仅略有差异，在体积上也会变化巨大。但是，当接近最大体积时，高度或底面直径的变化对体积的影响很小。这听

微积分解圆柱体的最大体积

圆柱体的体积公式是

$$V = h\pi r^2$$

在这个方程里，体积 V 是两个变量高度 h 和半径 r 的函数。我们可否化简，把 V 变成只有一个变量的函数？

如果我们观察圆柱体的纵向截面，就会发现它像个高为 h、宽为 $2r$ 的矩形。

对角线把矩形分成了两个直角三角形，所以我们可以用勾股定理来刻画它的长度

$$d^2 = h^2 + (2r)^2$$

也就是

$$r^2 = \frac{1}{4}(d^2 - h^2)$$

这样代入 V，我们就消去了 r^2，得到

$$V = \frac{h\pi}{4}(d^2 - h^2)$$

$$= \frac{\pi}{4}(hd^2 - h^3)$$

好，如果我们改变 h，体积将如何变化呢？换言之，V 对 h 的变化率是多少？我们把 V 关于 h 求导来寻找（关于微分的更多细节参见第 111 页）

$$\frac{dV}{dh} = \frac{\pi}{4}(d^2 - 3h^2)$$

正如开普勒（几乎）指出的：在最大值或最小值点，函数的变化率降到零。

所以，我们要求 V 的最大值，$dV/(dh)$ 必须是零，也就是

$$\frac{\pi}{4}(d^2 - 3h^2) = 0$$

所以

$$d^2 = 3h^2$$

因此

$$3h^2 = h^2 + (2r)^2$$

$$\frac{h}{2r} = \sqrt{\frac{1}{2}} \approx 0.7071$$

正是我们在第 87 页方框的图上看到的值。

起来不错，因为只要酒商用的是接近最佳形状的酒桶，它容纳的酒量就差不多。尽管这看上去无足轻重，却体现出了微积分的核心。微积分经常被用来求函数的最大（或最小）值，做法就是找函数变化量接近零的点（参见上面方框）。

故事还没完。虽说开普勒对酒心满意足，但他意识到，古希腊人研究过的少量形状是满足不了实际需要的。他不得不先假定酒桶是圆柱体，然而酒桶的真实形状

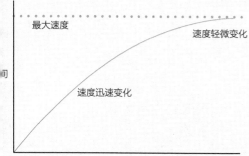

最大速度

速度轻微变化

速度迅速变化

速度

上图为司机尽力加速时车速变化的示意图。一开始，速度迅速变化（斜度陡峭），但是快到最大速度时，速度提升变慢（斜度平坦）。这就是开普勒在研究酒桶时的发现，得出了用微积分找最大值和最小值的方法。

非常复杂，因为酒桶千姿百态，有的直溜溜，有的圆滚滚。定义圆柱体用两个参数（高和宽）就行了，但定义酒桶得用更多。

形状的构建

　　开普勒的解法基本上跟阿基米德用来求曲线下面积的方法（参见第 **41** 页）一样——逐步逼近。开普勒对方法做了调整，他把酒桶截成一个个圆柱，求体积，再累加起来求酒桶的体积。圆柱越小越多，其体积总和离酒桶的真实体积就越接近。

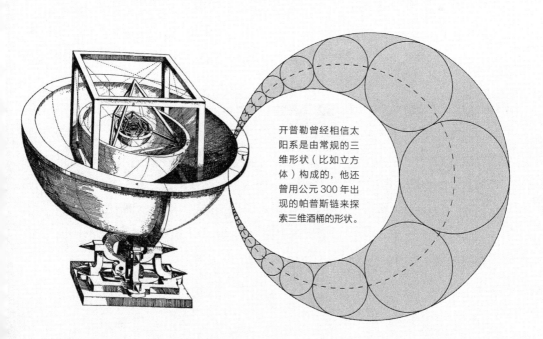

开普勒曾经相信太阳系是由常规的三维形状（比如立方体）构成的，他还曾用公元 300 年出现的帕普斯链来探索三维酒桶的形状。

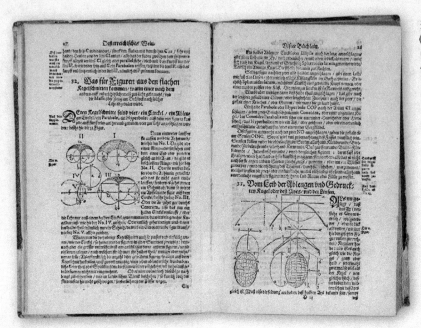

开普勒 1615 年的著作《酒桶中的新立体几何》中画的古代数学中的立体图形。

老方法的新发现

心思细密又热情高涨的开普勒用上述方法再加上帕普斯定理（帕普斯可能是研究圆环体积的第一人，参见第 55 页），研究出了 92 种立体的体积求解方法，在他 1615 年出版的著作《酒桶中的新立体几何》中有详细描述。

开普勒的方法在数学中遍地开花。例如，第 73 页趋近定值的收敛级数。然而，开普勒在天文学之外的数学成就不止于此。他的一项早期研究使数学家们冥思苦想了 4 个世纪。

紧密堆叠

1611 年的某个雪天，开普勒正在经过布拉格的伏尔塔瓦河上有名的查理大桥，一片雪花飘落在他的衣服上。他要给朋友约翰尼斯·冯·瓦肯费尔斯买新年礼物，但是凛冬既至，囊中羞涩，他想雪花倒是个好礼物。他的又一个精彩之举是给约翰尼斯写了一篇讲述雪花有六角的缘故的文章作为新年礼物。他断言，雪花成形的原因一定是"凝结的水珠"紧密排列，而六角形乃是最紧密的堆叠方式。

雪花形状的分类，伊斯雷尔·珀金斯于 1863 年绘制。

想知道有没有更好的堆叠方法。哈里奥特判断六角形是在最小空间堆最多炮弹的形状。开普勒持一致意见，说六角堆叠"是最紧密的堆叠方法，在同样的空间里，没有别的办法能排进更多（球形）弹丸"。这作为开普勒猜想为人所知，但是直到 **2014** 年才得到证明。

英国航海家托马斯·哈里奥特关于堆叠炮弹的想法在数学、化学和晶体学上都影响广泛。

开普勒的六角堆叠最紧密的想法来自英国数学家托马斯·哈里奥特。哈里奥特曾受雇随沃尔特·雷利爵士航海，爵士本人亦是探险家，曾建立北美洲第一个英语系殖民地，并协助将烟草和土豆引入欧洲。在雷利的船上，加农炮弹在甲板上被堆叠成四方形或三角形。但是，雷利

参见：
▶ 微积分，第 110 页
▶ e，第 122 页

代数几何

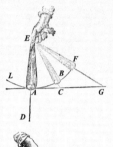

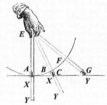

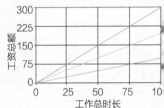

勒内·笛卡儿利用代数式描述的直线或曲线来想象物质运动的轨迹。他的这个思想也把数学代数式与其几何图像对应起来。

在千年的时间长河中，人们习惯于用几何方法解决数学问题，画出方程的图像来解题的尝试直到公元 16 世纪才出现。

这个滞后也许部分是因为当时人们对变量的理解与运用还不够充分。许多数学家还停留在直接的计算上（比如某人每周工作 30 个小时，每小时被支付 2 美元的工资，于是他 1 周可获得 60 美元的工资，1 个月能收获 240 美元……），而不是使用含变量的式子，如：工资总额等于单价 2 美元乘以他工作的总时长。

几何图表法求工资总额

我们可以在一张图中画出一系列的射线来表达不同的工作时长与不同的小时工资下此人的工资总额，并用这个图解答不同情形下与他的工资总额相关的问题。但是，从这个例子中还是很难看出对于一般的问题，我们可以画什么样的图，或者为什么我们需要画图。

　　这种状况直到韦达引入符号语言（参见第 **82** 页）之后才开始改变。法国数学家勒内·笛卡儿改进了该符号系统中的一些小问题，并得到了我们现在惯用的代数语言。也正是他，使几何坐标体系公式化，引入几何工具来解决代数问题，并尝试运用代数方法解决几何问题。

证明自身的存在性

　　笛卡儿的研究领域很广泛，包括天文、生物与物理等，但是他在哲学方面的造诣最为后人牢记。为了验证真实世界的确定性，他想象存在着一个万能的"邪恶天才"，这个"邪恶天才"能够让人们看到、听到和感受到自己喜爱的任何事物，进而愚弄着人们去相信那些根本不存在的东西。但笛卡儿认为，不管这个邪恶的天才有多么强大，有一件事他无法欺骗笛卡儿：笛卡儿自身的存在性。由此，笛卡儿主张对每一件事情都进行怀疑，不能信任我们的感官。从这里他悟出一个道理：他必须承认的一件事就是他在怀疑自己。而当人在怀疑时，他必定在思考，"我思故我在"，这正是他推出的经典哲学命题。

　　从这个绝对肯定的基础出发，笛卡儿坚信其他许多事物也自然是确定的，比如数学公理和物理基本定律。事实上，笛卡

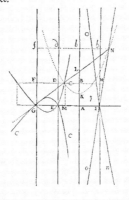

坐标的引入把代数与几何完美地结合在一起，而这一重要工作最初几乎只是作为勒内·笛卡儿一本著作的脚注呈现给世人的。

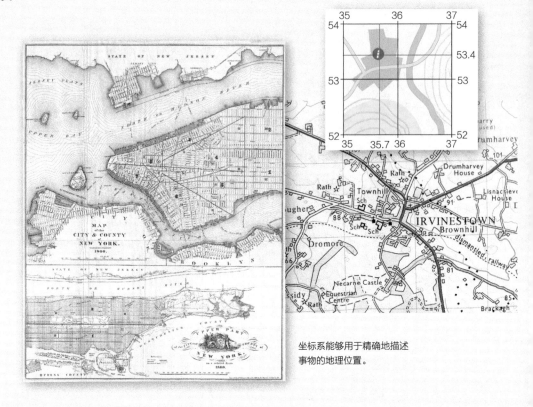

坐标系能够用于精确地描述
事物的地理位置。

儿最重要的数学巨著《几何学》仅附录于其重要的哲学文献《科学中正确运用理性和追求真理的方法论》之后。

时空中点的位置

笛卡儿在数学方面的核心贡献在于提出坐标的概念，即把空间中的几何点用数组来一一表达。这个工作类似于把纽约城部分城区做个定位。那里的道路呈网格状布局，大街由北向南延伸，道路由西向东延伸。港务局巴士站的位置在第 **42** 街和第 **8** 大道的交叉口处，我们可以说其坐标为（**42，8**）。在地质地图上，人们使用更

为复杂的版本：地图上的经纬度（或网格上的行列坐标）能给出地图上任意一点的位置。比如，在上方的地图中，游客信息中心（即图中白色字母"**i**"处）大约在坐标为 **357534**［这里前 **3** 个数字表明其（东西向）经度为 **35.7** 度，后 **3** 个数字表明其（南北向）纬度为 **53.4** 度］的位置。

那么，这些又与数学有什么关联呢？事实上，我们可以为各种各样的事物绘图，而不仅局限于地理位置。同样，坐标也能描述多种多样的性质，并不仅仅是方向。一条直线是一个映射关系，其中每个点的纵向位置由方程中的 y 值给出，横向位置

笛卡儿的一生

笛卡儿的一生充满传奇色彩。从学生时代起，聪明睿智的他总能轻松完成各项数学作业，尤其当置身于安静的小室，独卧小塌时，他总是才思泉涌。然后，他不满足于"读万卷书"，开始尝试"行万里路"——他花了多年时间游历欧洲各国，在冒险之中收获良多。1620 年，他参加了在布拉格附近爆发的白山战役（见右图）。笛卡儿还是一位技艺高超的剑客。1621 年，在他乘船游历时，作为船上唯一的乘客，船上的船员们起了歹意，试图劫杀笛卡儿。此时，他超群的剑术使他免于危难。在他漫长的游历岁月中，笛卡儿通过与他人的书信往来，了解欧洲科学界的发展。其中一位与他联系紧密的人是波希米亚（现在是捷克共和国的一部分）的伊丽莎白公主，他们保持了多年的书信联络，交流数学和哲学等方面的想法。之后，与笛卡儿保持书信交流的是瑞典的克里斯蒂娜女王。她对笛卡儿的思想颇为推崇。1646 年，女王邀请笛卡儿到她位于斯德哥尔摩的宫廷，想让笛卡儿面对面地

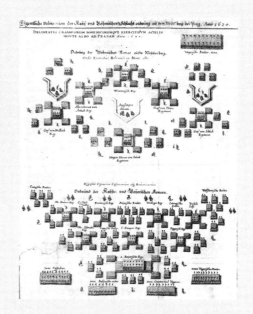

教授她数学和哲学（见左图）。笛卡儿很不愿意去这样一个寒冷的国家，于是搪塞了女王 3 年。但是，克里斯蒂娜女王是位意志非常坚定的人。为了邀请到笛卡儿，她派了一艘船和她的一位海军上将去接笛卡儿。此时，笛卡儿觉得不好意思再拒绝了。笛卡儿于 1649 年 10 月抵达斯德哥尔摩。克里斯蒂娜女王比笛卡儿年轻很多，身体也更健康（他们相遇时女王 22 岁，笛卡儿 53 岁），工作繁忙的她坚持每天早上 5 点在冰冷的图书馆接受笛卡儿的教学。而这一安排对喜欢温暖与赖床思考问题的笛卡儿来说，简直糟糕透顶，远远出乎其预料。尽管如此，他还是尽其所能地去按照女王的旨意行事。然而，在斯德哥尔摩待了几个月之后，他不幸感染了肺炎，于 1650 年阴冷的 2 月离世。

变换

代数几何可以用于图形变换。圆心在原点（0，0）的圆周可以用代数式 $x^2 + y^2 = r^2$ 表示，其中 r 为圆周的半径。下图中，紫色圆周的半径为 1，所以其方程为 $x^2 + y^2 = 1$。改变圆周的形状就等同于修改其方程；为了在水平方向上挤压图形，只要在方程中的变量 x 前面乘上一个常系数：下图中蓝色图形的方程即为 $3x^2 + y^2 = 1$。为了把圆周包围的面积扩大，只需要增加方程中的 r 值：下图中绿色圆周的方程即为 $x^2 + y^2 = 2$。如果想把圆周沿水平方向往一侧移动，我们只需要把方程中的 x 减去（或加上）一个常数（推动的距离）：下图中橘色圆周的方程即为 $(x-2)^2 + y^2 = 1$。

紫色圆：$x^2 + y^2 = 1$

蓝色圆：$3x^2 + y^2 = 1$

绿色圆：$x^2 + y^2 = 2$

橘色圆：$(x-2)^2 + y^2 = 1$

由方程中的 x 值给出。每个 x 值与相应的 y 值构成一个二元组，即为该点的坐标。比如方程 $y = 2x + 1$，在给出一列 x 的取值后，我们可以得到一个如下的取值表。把每行的二元组作为坐标描画在图上后，我

x	y
−2	−3
−1	−1
0	1
1	3
2	5

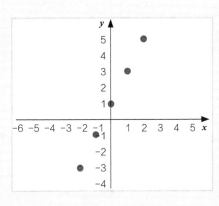

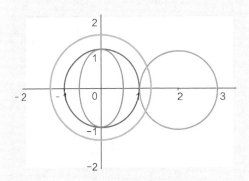

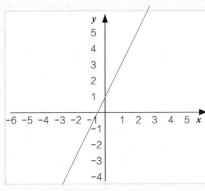

们就得到了一张点阵图（如上页右中图）。表中的 x 是随意选取的。当我们把所有可能的 x 值都取完，进而把所有可能的二元组作为坐标都描画出来，就得到了上页右下图中的直线，此即为方程 $y = 2x+1$ 的图像。

至此，我们描绘出了由方程的所有解构成的解空间，而不是如开始那般只是有限的几个解。这就是坐标化理论推动数学进步的重要一环。一方面，这个方法为研究代数理论提供了新思路，即通过代数式的几何图像研究代数式本身（如上页方框内文字所述）。另一方面，这个方法也意味着几何内容能用代数的语言描述（如右侧方框内的文字所述）。事实上，笛卡儿提出，任何几何问题都可以转化为代数的形式。

布劳威尔不动点定理

布劳威尔不动点定理的证明颇为复杂，要详尽陈述，亦不简单。一种非常粗略的描述是，在某些特例之外，同一个事物的两种形态一定共享至少一个不动点。据传，鲁伊兹·布劳威尔在某天喝咖啡搅动咖啡时，突发奇想得到了这个重要结果。这个定理说明，无论你如何搅动咖啡，总有一个分子在搅动前后保持位置不变。这也意味着，如果读者手中有两本我们的这本书，撕下其中一本的一页，揉成团，扔到另一本的此页上。那么，纸团里至少有一个字恰好位于完好的书页中相同字的上方。（当然，若读者把咖啡溅在此页上，或者此页被撕毁，此法可能便失效了。）

温馨提示：切不可自己在家拿此书尝试。

参见：
▸ 图形中的代数，第 34 页
▸ 不是实数的数，第 74 页

费马大定理

　　整个微积分都建立在"无穷小量"这个概念的基础之上 。为了求坐标轴平面上一条曲线下的面积，我们对这条曲线的方程进行积分，这就是要把曲线下的区域分割成很多细微的分块分别求面积，然后把它们全部加起来。

　　这些细微的分块就是无穷小量。无穷小量就是小到没法测量的东西，可它又不是零，直到 19 世纪才出现关于它的准确定义（参见第 167 页）。在那之前，在像数学这样讲究准确和清晰的学科中使用如

皮埃尔·德·费马是一位律师，他把数学当作业余爱好。

此神秘莫测且不明不白的概念，让很多人望而却步。不过，皮埃尔·德·费马没有。大概 17 世纪初的某个时候，费马在法国出生。经培训成为律师后，他安定下来，终身任职于图卢兹法院。由于工作赋予了费马太多权力，因此他不怎么去社交，以防被贿赂而在庭审中对某一方有所偏袒。

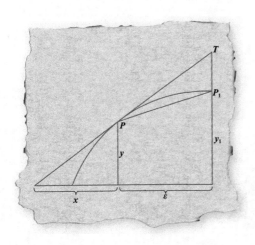

在还没有微积分的时候，皮埃尔·德·费马就已经用他的方法求出了给定曲线的切线。

费马严守律法，忠于职责，于是拥有充裕的可自由支配的时间，或许一定程度上这就是费马研究数学的原因。虽然他发表的论文很少，但是他和同时代的许多数学家通信往来，从而通过书信保持着活跃的社交生活，丝毫不牵扯工作之事。

数论谜题

从费马的数学信件中可以看出，他常用数学去挑逗朋友们，并乐此不疲。举个例子，平方数序列（**1**，**4**，**9**，**16**，**25**，**36**，…）和立方数序列（**1**，**8**，**27**，**64**，**125**，…）里头只有一对数，它俩中间只隔着一个数：**26** 把 **25(5^2)** 和 **27(3^3)** 隔开。这是平方数和立方数之间只间隔一个数的唯一情况，然而证明起来极为困难。费马成功地证明了这一点，他还向其他数学家约战，让他们也给出证明，可是没人办得到。

一些术语

费马娴熟而聪明的法律思维使他对符号语言的精准尤其敏感，他也因此深受韦达（参见第 **82** 页）和丢番图（参见第 **47** 页）著作的启迪。费马最重要的成就之一是发现了一种求曲线上最大值和最小值的方法，正是有了这种方法和他对无穷小量钻研的铺垫，牛顿和莱布尼兹才发明了微积分（参见第 **110** 页）。费马借助于一个被称为虚拟等式（adequality）的概念来证明他的方法，声称是从丢番图的《算术》中了解到的。然而事实上，丢番图并没有使用这个词，而且即便是现在，数学家还是不能完全理解费马到底要表达什么含义。这假使让费马知道了，定会觉得此事逗趣。

来自书页边空白处的声明

至今看来，几乎可以肯定费马最著名的发现在那时还不算是一个发现。它藏得

费马著作《数学论集》的封面，这上面并没有提到作者最著名的思想。

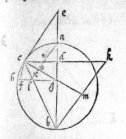

从这本费马读过的阿波罗尼奥斯的著作《圆锥曲线》中可以看到，他习惯于在页边的空白处记笔记。

换句话说，如果把毕达哥拉斯定理的公式 $a^2+b^2=c^2$ 里面的 2 全部替换成 3，得到的公式 $a^3+b^3=c^3$ 就不对。没有自然数能使之成立。事实上，费马宣称，不管把 2 替换成哪个大于 2 的整数，得到的都是错误的方程。数学上可以记作 $a^n \neq b^n+c^n$（$n > 2$，n 为整数）。

怀尔斯的证明

当费马大定理广为人知后，许多伟大的数学家都试图来证明它，最终成功的是安德鲁·怀尔斯。他从 10 岁开始，在这个问题上下了 30 年工夫后于 1995 年发表了定理的证明！怀尔斯的证明是建立在谷山-志村猜想的基础上的，这个猜想认为，两类全然不同的数学实体实际上有着紧密的联系。

如此好，直到 1665 年费马过世后，才被他的儿子塞缪尔看到。当塞缪尔仔细阅览他父亲读过的那本丢番图的著作《算术》时，他在页边空白处发现了一处笔记：

"把立方数分成两个立方数之和是不可能的。把四次幂分成两个四次幂之和也是不可能的。或者一般来说，任意一个高于二次方的幂都不可能拆分成两个与之同样次数的幂之和。我发现了一个绝妙的证明，只是此处空白太小写不下来。"

全世界数学家奋斗超过 300 年之后，1995 年安德鲁·怀尔斯证明了费马大定理。

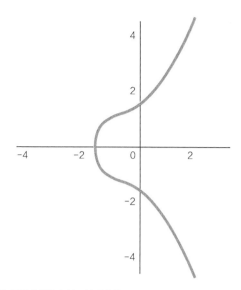

一条椭圆曲线的实例，椭圆曲线是怀尔斯证明费马大定理的关键部分。

一方面，形如 $y^2 = x^3 + ax^2 + bx + c$ 的方程被称为椭圆方程。上图就是椭圆方程 $y^2 = x^3 + 2x^2 + 2x + 2$ 的曲线。

另一方面是模形式。不引用非常高深的数学知识很难解释清楚模形式，不过每个模形式都是定义在上半复平面上且满足某些指定性质的复值函数。正是高度的对称性使得模形式如此有趣（更多关于对称性的深刻意义参见第 **142** 页）。

谷山-志村猜想认为，每条有理数域上的椭圆曲线会有一个模形式与之对应。相关证据就是，每条有理数域上的椭圆曲线可以确定一个整数序列，而任何模形式都可以约化成一个数列，然后可以根据椭圆曲线的这条序列构造出一个模形式。

最终的证明

怀尔斯的证明很长很复杂，包含了数学的许多分支（其中有些分支是由他自己开拓出来的）。下面是对证明思路的极度粗略的梗概。

1. 如果费马大定理是错的，那么对某个未定的 *n* 值（$n > 2$，*n* 为整数），$a^n = b^n + c^n$ 成立。

2. $a^n = b^n + c^n$（$n > 2$，*n* 为整数）能够转化成一条椭圆曲线，其方程式为 $y^2 = x^3 + (a^n - b^n) x^2 + a^n b^n$。

3. 不存在与椭圆曲线 $y^2 = x^3 + (a^n - b^n) x^2 + a^n b^n$ 对应的模形式。

4. 但是，从谷山-志村猜想已知，这是不可能的。

5. 因此，$y^2 = x^3 + (a^n - b^n) x^2 + a^n b^n$ 是虚构的。

6. 但是，正如第 2 步所述，$y^2 = x^3 + (a^n - b^n) x^2 + a^n b^n$ 等价于 $a^n = b^n + c^n$（$n > 2$，*n* 为整数），因此 $a^n = b^n + c^n$（$n > 2$，*n* 为整数）也不成立。

7. "$a^n = b^n + c^n$（$n > 2$，*n* 为整数）不成立"正是费马大定理的内容。于是，费马大定理就得证了。

参见：
▶ 三次方程，第 64 页
▶ 代数几何，第 92 页

帕斯卡三角形

就像笛卡儿一样，布莱士·帕斯卡既对数学感兴趣，也对哲学和物理感兴趣。凭借一种极为有用的数字图案，他流芳至今。

帕斯卡的父亲老帕斯卡是一位税务专员，正是他教给了帕斯卡数学。老帕斯卡的大部分工作就是算、算、算。帕斯卡下定决心造一台会算术的机器来帮助父亲。他19岁的时候开始做机械计算器，花了整整3年，经历了无数个日日夜夜，制作了50个半成品。最终成果是他成功地制造了世界上最早的机械计算器之一，后来被称为帕斯卡计算器。

赌博中的概率

费马跟许多人通过书信往来交流数学，帕斯卡也在其中，他们一起创建了概率论的大量基本概念。那个时候，概率的主要推动力源自于赌博。有钱人（也有些没那么有钱的家伙）会把大笔大笔的钱用在各种花样的赌博上，包括丢卡片、丢骰子、丢硬币等，因此研究不同结果的可能性就很重要。举个例子，如果扔3枚硬币，最后出现两个正面（H）、一个背面（T）的可能性有多大？最简单的求解方法

晚年的布莱士·帕斯卡放弃了数学和科学，转而致力于思考生命和死亡。

投掷 3 枚硬币的部分排列。

就是把所有可能的结果都列出来，一共 **8** 种：**HHH、HHT、HTH、THH、TTH、THT、HTT、TTT**。然后把想要的结果选出来，有 **3** 个：**HHT、HTH** 和 **THH**。最后把两个数相除，得 **3/8**。所以，得到想要的结果的概率是 **8** 个里面有 **3** 个，可以表达成分数 **3/8** 或者百分数 **37.5%**。以此类推，可以分别求解全部背面、全部正面或两个背面一个正面的可能性。最后，这些事件出现的概率是：

全部正面 **1/8**；

两个正面一个背面 **3/8**；

两个背面一个正面 **3/8**；

全部背面 **1/8**。

现存的 9 台帕斯卡计算器之一。

构建一套系统性的理论

像上面那样干确实容易，但我们要是能用公式算出掷硬币所有可能的结果，而不用把所有情况一一列举出来，那就更便捷可信。要做到这点，帕斯卡使用了一项数学上很早就有的技术（尽管很可能是他自己独立地研究出了这项技术）。他直接写了一个由数字 1 构成的三角形：

1

1　　　　1

然后通过计算得出像右边那样的一个三角形，那里面的每一个数都是它右上方的数和左上方的数之和。（如果上一行左右两个位置中有一个位置没有数，那就假设那里是 0。）这样继续算下去，可以想算多久就算多久——我们计算了前 8 行（0 到 7），如下图所示。

右列是每一行的所有数字之和，左列是行的计数。这儿的一行绿色数字表示投掷 3 枚硬币的 8 种可能结果的概率，跟前面算出的一样。进一步，如第 4 行所示，投掷 4 枚硬币就有机会得到 16 种可能结果中的一种。继续看，4 个正面的概率是 1/16，3 个正面一个背面的概率是 4/16，两个正面两个背面的概率是 6/16，一个正面 3 个背面的概率是 4/16，全是背面的概率是 1/16。

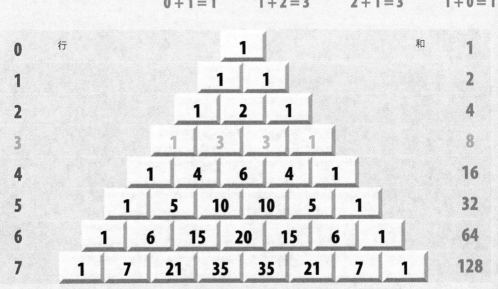

对角图案

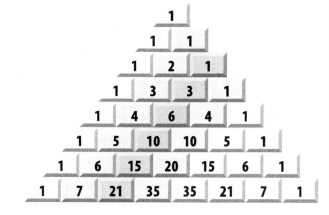

1. 第二对角列出了自然数。

2. 第三对角包含三角数，就是堆成三角形所需的球的个数。

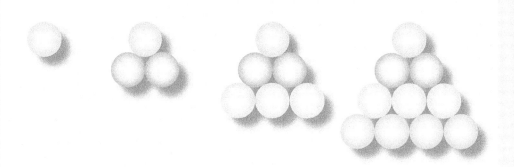

3. 第四对角包含四面体数，就是堆成四面体所需的球的个数。

11 的功用

上述第 104 页中的三角形的每行可以读取成 11 的幂。虽然从第 6 行起看起来好像失效了，但是事实上右侧列出的表达式仍然成立。

	值	帕斯卡三角形	表达式
11^0	1	1	$1(10^0)$
11^1	11	1,1	$1(10^1) + 1(10^0)$
11^2	121	1,2,1	$1(10^2) + 2(10^1) + 1(10^0)$
11^3	1331	1,3,3,1	$1(10^3) + 3(10^2) + 3(10^1) + 1(10^0)$
11^4	14641	1,4,6,4,1	$1(10^4) + 4(10^3) + 6(10^2) + 4(10^1) + 1(10^0)$
11^5	161051	1,5,10,10,5,1	$1(10^5) + 5(10^4) + 10(10^3) + 10(10^2) + 5(10^1) + 1(10^0)$
11^6	1771561	1,6,15,20,15,6,1	$1(10^6) + 6(10^5) + 15(10^4) + 20(10^3) + 15(10^2) + 6(10^1) + 1(10^0)$

理解这一事实有个简单的办法，就是想象（帕斯卡三角形中的）所有两位数都往左侧的格子里挤，挤进去的那一个数字跟原来左侧格子中的数相加求和。照这样，第 6 行的值就像下图所示。

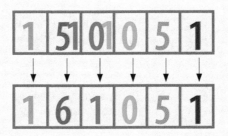

等比数列

帕斯卡三角形右侧列（每行的数值之和）中的数构成了一个数列。当下情况给出的是 2 的幂，如 $2^0=1$，$2^1=2$，$2^2=4$，$2^3=8$，$2^4=16$，等等，因而被称为等比数列。帕斯卡计算器担负了繁重的算术操作，而现今被人们熟知的帕斯卡三角形简化了烦琐的数学运算，降低了出错的可能性。例如，展开（或者说乘出来）表达式 $(x + y)^2$ 的确可以一蹴而就，得到 $x^2 + 2xy + y^2$。可要是求 $(x + y)^5$ 的展开式呢？

这个问题的答案可以从帕斯卡三角形中找到。第 2 行列出了前面那个展开式 $(x + y)^2$ 的系数，即 $1x^2 + 2xy + 1y^2$。同样，为求出 $(x + y)$ 的 5 次幂的系数，只需从第 5 行中读出 $(x + y)^5 = 1x^5 + 5x^4y + 10x^3y^2 + 10x^2y^3 + 5xy^4 + 1y^5$。[你要是好奇第 0 行有什么意义，其实它这么算也是对的，即 $(x + y)^0 = 1$。]

因为括号内有两个变量，所以上述这些展开式称为二项展开式。帕斯卡在帕斯卡三角形中发现了大量新图案，后来的数学家们又找到了更多（贯穿本章的方框内容会介绍）。

大难不死

1654 年，有一次帕斯卡与死神擦肩而过。当时，牵引马车的马匹突然脱缰驰落

序列与组合

斐波那契数列也在帕斯卡三角形中，把下图中对角线上有相同颜色的数字加起来就有：

$$1,\ 1,\ 1+1,\ 2+1,\ 1+3+1,\ \cdots$$
$$即\ 1,\ 1,\ 2,\ 3,\ 5,\ \cdots$$

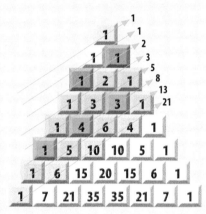

帕斯卡三角形还可以确定组合数。比如说一周里你可以任选两天休假，那到底有多少种选择方式呢？要算出这个值，你要查看第 7 行（因为一周有 7 天，最上面那行算作第 0 行）第 2 格（因为假期有 2 天，最前面那一格算作第 0 格）。查出那格的数字是 21，所以共有 21 种选择（周六周日、周六周一、周六周二、周六周三、周六周四、周六周五、周日周一、周日周二、周日周三、周日周四、周日周五、周一周二、周一周三、周一周四、周一周五、周二周三、周二周四、周二周五、周三周四、周三周五、周四周五）。

桥下，千钧一发之际，连接马匹和马车的绳索绷断，帕斯卡才幸免于难。

从此以后，帕斯卡常常被坠落的感觉所困扰，哪怕是在屋里。为了让他相信那只是糟糕的错觉，有时候他的朋友们不得不在他错以为是桥栏的地方搁把椅子。

晚年生活

帕斯卡的信仰异常极端，以至于他开始担心研究数学也会冒犯上帝。但是，有天晚上他牙疼得睡不着，于是他为了把注意力从疼痛上转移开，便开始思考些数学问题，结果牙疼真的消退了。他觉得这就说明研究数学是被认可的事，于是继续深入研究从而取得突破。帕斯卡卒年 39 岁，身后留下了许多引人注目的成果，包括物理学（特别是流体运动，现今仍是数学研究里最活跃的领域之一，参见第 119 页）和哲学。

参见：
▶ 数列与级数，第 66 页
▶ 毕达哥拉斯学派，第 26 页

分形图案

就像数学上许多重要的新观点一样，并不是帕斯卡三角形中的所有模式在当时就都能被看明白的。帕斯卡去世很久以后，许多数学家开始研究分形。分形就是一种图案，在各种放大倍数下看起来都是一样的。一个国家的海岸线就是一个例子，不管怎么看它都是凹凸不平的。如果你取一张有一段典型海岸线的照片，从不同高度垂直往下看，不管是一千米高还是一米高，一分米高还是一厘米高，海洋和陆地咬合的交界线看起来都极为相似。

帕斯卡三角形中的分形本身也是三角形：谢尔平斯基三角形。这是一个由各种大小不同的三角形组成的图案，这些三角形在各种比例尺下看都是一致的。我们对帕斯卡三角形中的奇数着色，就可以简捷地生成谢尔平斯基三角形。

就像拉远镜头画面会缩小一样，在更大的帕斯卡三角形中，这种模糊的类三角形图案会反复出现。

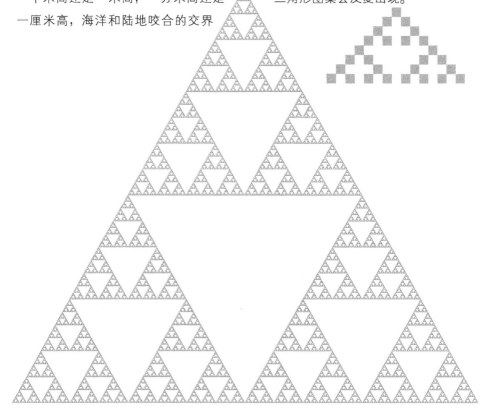

微积分

不管是在数学中还是在科学中，微积分很可能都是最重要的工具。它的任务是处理变化的事物，不管是一群角马（又叫牛羚）还是化学反应的温度。

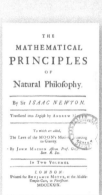

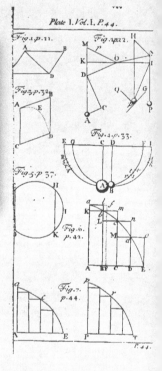

《原理》是艾萨克·牛顿在乡下家里的研究结果，那时为了躲避肆虐英格兰的瘟疫，他与世隔绝。

尽管有很多数学家都曾做出一些探索发现，这些工作如今甚至可以视为微积分的萌芽，但是在到底是谁创立了微积分这个问题上，答案是毫无疑问的：是艾萨克·牛顿和戈特弗里德·莱布尼茨。有点

麻烦的是，即便按照 17 世纪数学家的标准来评判，牛顿都有秘而不宣的习惯。他最终在 1687 年出版了他的巨著《自然哲学的数学原理》(简称《原理》，"自然哲学"就是现在的物理学)，这可能是有史以来最重要的科学文献。基于牛顿运动定律和引力定律，他能准确地解释和预测月球、行星和彗星的运动，还有地球上坠落物和抛投物（除去空气阻力的作用）的运动轨迹。在该书中，他使用古希腊的几何方法得出了大量影响深远的结果，但是大多数

莱布尼茨也萌生了帕斯卡机械计算器的思想，建造了一台能作乘法和加法的机器，其设计原理至20世纪40年代仍然在发挥作用。

套关于这个世界的完备的哲学体系，开发一门逻辑语言，还要终止全部的宗教战争。要是有了莱布尼茨的这门逻辑语言，那就意味着能用计算去解答所有分歧和争论。

现在被普遍接受的观点是牛顿和莱布尼茨两人独立地发明了微积分，但是，当时及后来很长一段时间，在英国和欧洲大陆的科学家之间就这项创举应当归功于谁而爆发了激烈的争论。

历史学家相信他实际上早就已经用微积分的方法计算出了那些结果。他用几何方法把结果重新算出来，很可能是因为他知道没人会和古希腊式的论述方式争辩。而且书里面的物理知识在难度上已经具有相当的挑战性了，他这么写也不会因牵扯一种新的数学知识而折磨人。牛顿有点不太走运，因为一项发现归功的人是最先将之公之于众的人，而最先发表微积分的肯定是德国哲学家和数学家戈特弗里德·莱布尼茨，他在 **1700** 年发表了微积分，当然这是莱布尼茨的版本。

一套完备的体系

牛顿和莱布尼茨毫无疑问都是天才，而且也都胸怀宏图大志。牛顿想要创建一套关于宇宙的完备的数学理论，揭示生命永恒的秘密，解密他认为《圣经》背后隐藏的意义。同时，莱布尼茨则想要创立一

微分学

微分可用以确定变化率。对于形如 $y = ax^n$ 的函数，微商是

$$\frac{dy}{dx} = nax^{(n-1)}$$

所以，可像下面这样对一个具体的二次方程 $y = 5x^2 - 5x + 12$ 进行微分运算。

$$\frac{dy}{dx} = 5 \times 2 \times x^{(2-1)} - 5 \times 1 \times x^{(1-1)} + 0$$

$$\frac{dy}{dx} = 10x^1 - 5x^0 + 0$$

因为任何数的 1 次幂都等于它本身，所以 $10x^1 = 10x$。

另外，既然任何除 0 以外的数的 0 次幂都为 1，那么 $5x^0 = 5$。所以最后得到

$$\frac{dy}{dx} = 10x - 5$$

要是你奇怪上面的 **12** 怎么就没了，那么你仍然可以把它看成是套用公式 $dy/dx = nax^{(n-1)}$ 算得的结果。既然 $x^0 = 1$，那么原来的二次方程中的 **12** 可视为 $12x^0$。作为上述公式的输入，可算得输出是 $12 \times 0 \times x^{(0-1)}$，结果必然等于 **0**。

公式 $dy/dx = nax^{(n-1)}$ 基于的思想是把一条曲线看成是由多段短线段连接而成的。一条直线具有唯一的斜率（参见第 **92** 页有关工资的图示），使用同样的方法，你可以在曲线上的任意一点画一条直线轻触掠过曲线而不会从下面穿过曲线。在这个意义上，一条曲线有很多斜率。按照上述方式所画的直线称为切线，其斜率即为此曲线在该点的斜率。你可以通过对曲线的方程进行微分运算来验证这一点，比如说方程 $y = x^2$。套用公式求出 $dy/dx = 2x$。在 $x = 1$ 所定义的点上，斜率是 $2 \times 1 = 2$。这个说法针对曲线 $y = x^2$ 的图像是意义清楚的，

这条曲线在 $x = 1$ 处的切线的斜率确实是 **2**。

已知一条直线可以由方程 $y = mx + c$ 刻画，这样的直线的斜率是

$$m = \frac{(y_2 - y_1)}{(x_2 - x_1)}$$

因为曲线在每一点的斜率不同，所以不能随意地选择 x_1 和 x_2 的值。如果两个数相隔太远，那么经过它们的直线就会截断这条曲线。我们想要 x_1 和 x_2 足够靠近，靠近到连接它俩的那段超级短的曲线和一条线段足够相似以至于没什么区别。用字母 **d** 来定义这段极短的距离，这样的话，x 的微小变化量是 dx，而 y 的微小变化量是 dy。可以立刻定义斜率方程为

$$m = \frac{y_1 - (y_1 + dy)}{x_1 - (x_1 + dx)}$$

取方程为 $y = x^2$。要算出求曲线上任一点的斜率的表达式，就把求 m 的方程中的变量 y 用对应的 x^2 代替，即

伦敦皇家学会辩论到底是谁发明了微积分；辩论会的主席正是艾萨克·牛顿，他判定真正的发明者绝对是他自己。

$$m = \frac{x_1^2 - (x_1 + \mathrm{d}x)^2}{x_1 - (x_1 + \mathrm{d}x)}$$

用乘法展开得到

$$m = \frac{x_1^2 - [\, x_1^2 + x_1\,\mathrm{d}x + x_1\,\mathrm{d}x + (\mathrm{d}x)^2\,]}{-\mathrm{d}x}$$

即

$$m = \frac{-2x_1\,\mathrm{d}x - (\mathrm{d}x)^2}{-\mathrm{d}x}$$

刚刚讲过，事实上 $\mathrm{d}x$ 非常小，因此它的平方就更小（就像百万分之一的平方等于万亿分之一）。所以，我们可以声明 $m \approx 2x_1$。不管刚开始怎么选择 x 的值，都会得到这个表达式，所以不如直接写成 x 而不是 x_1，于是就有 $m \approx 2x$。这就是要求的斜率（即导数）的表达式，所以我们的结论是，$y = x^2$ 的导数是

$$\frac{\mathrm{d}y}{\mathrm{d}x} \approx 2x$$

对 $y = x^3$ 等幂函数的曲线做类似的分析，可得到一般性的公式

$$\frac{\mathrm{d}y}{\mathrm{d}x} \approx nax^{n-1}$$

现在，我们只需要处理符号"$\approx$"，而论述的后一部分导致了几十年的争论（留待第 166 页详述）。我们表述的是："$\mathrm{d}x$ 是 x 的非常微小的改变量，小到事实上可以尽可能地接近 0，而又不会等于 0。"我们称之为"趋近于 0"或者"极限为 0"。$\mathrm{d}x$ 不能恰好等于 0，原因就在于那样的话分

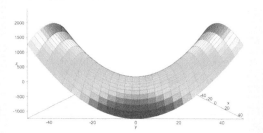

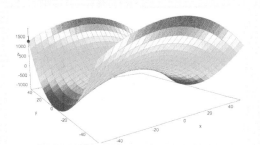

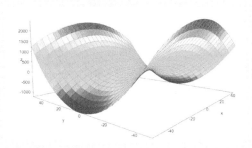

为了对三维曲面进行微分运算，我们增加第三个变量 z（参见第 176 页）。

式 $\mathrm{d}y/\mathrm{d}x$ 就是 $0/0$，这样的表达式是没有意义的。因为 $\mathrm{d}x$ 实际上几乎等于 0，所以 $(\mathrm{d}x)^2$ 是如此之微小以至于我们完全可以放心地认定它就是 0。因此我们认为 $(\mathrm{d}x)^2 = 0$，在此条件下就可以去掉符号"$\approx$"，得到

$$\frac{\mathrm{d}y}{\mathrm{d}x} = nax^{(n-1)}$$

上面的论述给你的印象可能不是那么

令人信服，其实以前很多数学家也都这么认为。不过，导数公式当然很好地发挥了效用。用一些我们已经熟知的事物来检验就可以明白这一点（别忘了，导数公式不只可以用于求直线的斜率）。例如，圆形面积（A）公式的导数给出了圆周长（C）的准确公式，其计算过程如下。

$$A = \pi r^2$$

$$C = \frac{\mathrm{d}A}{\mathrm{d}r} = 2\pi r^{2-1} = 2\pi r^1 = 2\pi r$$

因此，我们再次确信，即使微分学的基础或许尚存疑点，微分运算也还是管用的。

积分学

积分运算是微分运算的逆运算。具体就一个方面而言，积分可用于求曲线下面与 x 坐标轴围成的区域的面积。形如 $y = ax^n$ 的方程的积分是

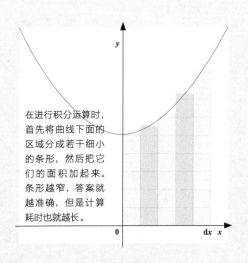

在进行积分运算时，首先将曲线下面的区域分成若干细小的条形，然后把它们的面积加起来。条形越窄，答案就越准确，但是计算耗时也就越长。

$$\int ax^n \, \mathrm{d}x = \frac{ax^{(n+1)}}{n+1} + c$$

这里有两点需要说明。如果 $n = -1$，那么这个公式就不起作用；另外，公式末尾的 c 是一个未知常数（既然常数的微分是 0，那么 0 的积分就是常数）。在对函数进行积分时出现的这个常数很不方便，不过幸运的是，当我们真的要做些有用的事情时可以去掉它。比如说，一艘宇宙飞船，其速度以 0.4 米 / 秒的变化率增大。也就是说，$v = 0.4t$。

假如我们要回答这个问题："宇宙飞船行驶了多远？"那么我们要知道加速度是速度变化的速率，速度是位置（有时称为位移，或者直接叫距离）变化的速率。而导数就是变化的速率，因此加速度是速度的导数，速度是位置的导数。同样地，既然微分反过来算是积分，那么位置就是速度的积分，速度则是加速度的积分。

所以，要知道物体走了多远，我们只需计算它的速度方程的积分。可以把速度方程带入标准公式，关于时间 t 而不是 x 求积分。

$$\int at^n \, \mathrm{d}t = \frac{at^{(n+1)}}{n+1} + c$$

速度方程是 $v = 0.4t$。为了清楚地表达后面的内容，我们书写时将变量用幂的形式表示，即 t^1（当然 t^1 和 t 是一样的，因此 1 通常省略，不过在下面这行里我们需

没有牛顿和莱布尼茨，空间飞行
将是不可控的。

要关注它出现的地方）。于是字母 a 所表示的系数是 0.4。在此情况下有

$$\int 0.4t^1 \, dt = \frac{0.4t^{(1+1)}}{1+1} + c$$

$$= (0.4t^2)/2 + c$$

$$= 0.2t^2 + c$$

因为 c 可以是任意值，所以这个表达式不是那么有用。

不过，回过头来看我们提的问题，得到的结果用处不大的原因就清楚了。这是因为问题是含糊不清的。如果我们不知道火箭前进了多长时间，光问火箭飞行了多远是没有意义的。我们只要了解到火箭是多久前发射的，就可以给出一个确切的答案。所以，我们可能会问："火箭发射后10分钟内飞行了多远？"

现在我们提了一个问题，它的答案是确定而非不定的。类似地，我们可以进行称为定积分的运算，而不再是不定积分。针对上述问题的定积分是

$$\int_{t=0}^{t=600} 0.4t \, dt$$

这里的 600 是由 10 分钟转换成的秒数。这里的 0 只是提醒一下，火箭在这个时刻发射，我们为了简便而称这个时刻为0（积分符号旁的两个字母 t 分别称为积分下限和积分上限，或简称为上下限）。积分运算和前面一样，但是结果要加个方括号，即 $[0.2t^2 + c]_0^{600}$。依次用上下限（600和 0）替换表达式中的变量 t 来计算式子的值，然后求两者之差

$$= (0.2 \times 600^2 + c) - (0.2 \times 0^2 + c)$$

$$= 72000 + c - c$$

$$= 72000（米）$$

这个数就是宇宙飞船在发射后10分钟内行驶的距离。而我们根本无须算出 c 的值，就已在计算的过程中消去了这个碍眼的常数。

请参阅第 176 页《微积分进阶》中关于高等积分学和微分学方法的内容。

参见：
▶ 微积分基本定理，第 136 页

微分方程

　　自然现象都跟变化有关，而微分方程正是研究变化的一种数学工具，人们利用它可以预测在各种各样的情况下会发生什么样的变化。

这些规律就可以被用来预测它们所描述的事物在不同情况下将如何表现了。最厉害和最有用的科学规律当然是那些可以用数学形式表达的定律，而在许多情况下，这些数学形式就是微分方程。

引入微分

　　在最简单的这类微分方程中，一个微分（也就是变化的量）被设成一个单变量。例如，当火箭喷射出的高速气流助推它前进的时候，火箭的速度将

　　科学大多数是研究事物变化的方式，那些事物无论是恒星、生物、人类的思想、反应中的化学物质，还是整个宇宙。针对那些变化的规律，科学家们试图把它们准确地刻画出来并解释得清清楚楚。然后，

微分方程在火炮瞄准中有实际应用。这项新的作战技术在 15 世纪被广泛采用后，这项技能就成为数学家们的研究对象。

会发生变化。而且推力越强（即自变量 **T** ），速度的变化就越快。在这种情形下，微分是速度的变化量，可以记成 **dv**，导数是速度变化的快慢，可以记成 **dv/dt**。对于一个特定的火箭，假设 1 个单位的推力作用 1 秒时间将使速度增加 1 米 / 秒，现在施加 **4T** 个单位的推力。这个变化可以写成

$$\frac{\mathrm{d}v}{\mathrm{d}t} = 4T$$

这就是一个微分方程。可以用它来干什么呢？我们可以从中得到另一个方程，新得到的方程反映了火箭的速度而不是速度的变化。要从速度得到速度的变化，我们就要使用前面所述的微分运算。反过来，要想从速度的变化得到速度，我们要使用积分运算。

$$v = \int 速度的变化 = \int \frac{\mathrm{d}v}{\mathrm{d}t}\,\mathrm{d}t = 4Tt + c$$

积分常数 **c** 有点讨厌。不过跟通常情形一样，问题都可以被解决，我们只需要提一个更具体的问题就得了：施加推力 **30** 秒后的速度是多少？这个问题可以通过计算定积分解答。像下面这样求积分

$$\int_{t=0}^{t=30} \frac{\mathrm{d}v}{\mathrm{d}t}\,\mathrm{d}t = [4Tt + c]_0^{30} = 120T$$

深入探究

上面这个简单的例子单单描述了一种特殊的火箭，不过有些物理定律也几乎同样简单，就像万有引力定律。靠近地球并朝它坠落的物体会因地球引力的作用而被加速（加速度等同于速度的变化）。地球的重力加速度（ **g** ）大约为 **9.8** 米 / 秒 ^{2}（意思是，如果一个物体自由坠落，在第 1 秒后它将以 **9.8** 米 / 秒的速度移动，在第 2 秒后以 **19.6** 米 / 秒的速度移动，在第 3 秒

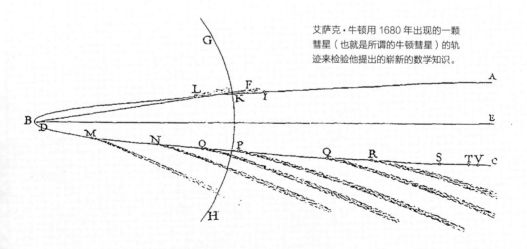

艾萨克·牛顿用 1680 年出现的一颗彗星（也就是所谓的牛顿彗星）的轨迹来检验他提出的崭新的数学知识。

后以 **29.4** 米 / 秒的速度移动，以此类推）。所以，上述过程可以记为 $dv/dt = g$。

从这个微分方程，我们可以推导出另一个方程，反映坠落物体的速度而不是它的加速度。还是一样，从加速度到速度，我们运用积分计算

$$v = \int 加速度 = \int \frac{dv}{dt}\, dt = gt + c$$

接下来，我们可以通过一个更确切的提问来去掉积分常数：坠落 **30** 秒后物体的速度是多少？答案是

$$\int_{t=0}^{t=30} \frac{dv}{dt}\, dt = [gt + c]_0^{30} = 30g = 294（米 / 秒）$$

常微分还是偏微分

微分方程是微积分自然发展的结果，所以同时出现在莱布尼茨和牛顿的著作中

也就不足为奇。首先将微分方程写出来的人是莱布尼茨，他写的是

$$\int x\,dx = \frac{1}{2}x^2 + c$$

这个方程的求解很简单，我们只需要同时对等号两边计算微分

$$\frac{d(\int x\,dx)}{dx} = x$$

要是微分方程都像这个样子的话，那么数学和物理的发展史就会简单许多。不过，牛顿已经发现了运动定律和万有引力定律，他要把他的定律应用于实际问题（例如求月球在其轨道上的速度），就需要微分方程这个工具。正是牛顿在那时候力求解答更加复杂的微分方程，而且也正是牛顿把微分方程分成了两大主要类别：常微分方程和偏微分方程。直到今天，我们

PHILOSOPHIÆ

NATURALIS

PRINCIPIA

MATHEMATICA.

Autore *JS. NEWTON, Trin. Coll. Cantab. Soc. Matheseos Profeffore Lucafiano,* & Societatis Regalis Sodali.

IMPRIMATUR.

S. PEPYS, *Reg. Soc. PRÆSES.*

Julii 5. 1686.

LONDINI,

Juffu *Societatis Regiæ* ac Typis *Jofephi Streater.* Proftant Venales apud *Sam. Smith* ad infignia *Principis Wallæ* in Coemiterio D. *Pauli,* aliofق; nonnullos Bibliopolas. *Anno* MDCLXXXVII.

虽然牛顿利用微分方程开创了物理学的崭新观点，但是在他 1687 年的巨著《原理》中，一个微分方程都没有用到。

都还在研究这两类方程。上面例子里的微分方程是一个常微分方程，常微分方程常常被用来研究物理现象。然而，大自然是相当复杂的，物理规律通常涉及好几个自变量。例如，任何与空间位置相关的定律（比如描述海洋温度 T 的定律）都很可能依赖于物体在三维空间中的位置 (x, y, z)。照这样说，为了描述温度如何随位置变化，需要 3 个微分 $\partial T/\partial x$、$\partial T/\partial y$、$\partial T/\partial z$。另外，如果还想要研究温度如何随时间（t）变化，那就还需要第四个微分：$\partial T/\partial t$。上述这些都是偏微分。在大多数情况下，偏微分方程难乎其难，尚无法精确求解；在许多情况下，它们根本就无解；还有少数情况下，我们甚至根本不知道它们到底有没有解。

英国数学家乔治·加布里埃尔·斯托克斯爵士。尽管他与法国工程师兼物理学家克劳德－路易·纳维对有关流体的数学问题有着共同的兴趣，但是他俩从未谋面。

流体

从一个特殊的偏微分方程中诞生了一个价值百万美元的问题。无论如何流动，任何流体的表现都是由与惯性、压力、黏度（稠度）和重力等相关的 4 种力的相互作用决定的。这 4 种力之间存在这样的关系：惯性力［由流体的密度（ρ）以及各个方向上的速度（v_x, v_y, v_z）决定］= –压力（P）+黏性应力（因黏度（μ）产生的力）+重力（g）。流体的内部

状态随着位置的变化和时间的变迁而形态各异，所以描述流体行为的微分方程是一个偏微分方程。事实上，每个空间维度定义一个偏微分方程，共定义 3 个偏微分方程，这样最方便了。这些方程被称作纳维-斯托克斯方程。不管什么东西，要是刚好可被视为流体的话，那几乎都可以用纳维-斯托克斯方程来给它建模。比如说把勺子放进一碗糖浆里，勺子会向它周围各个方向的糖浆施加压力，把糖浆挤走。但是糖浆是有黏性的（稠稠的），会抵抗这种压力。而且，跟任何物质或物体一样，糖浆

$$\rho\left(\frac{\partial v_x}{\partial t}+v_x\frac{\partial v_x}{\partial x}v_y+\frac{\partial v_x}{\partial y}+\frac{v_z\,\partial v_x}{\partial z}\right)=-\frac{\partial \rho}{\partial x}+\mu\left(\frac{\partial^2 v_x}{\partial t^2}+\frac{\partial^2 v_x}{\partial y^2}+\frac{\partial^2 v_x}{\partial z^2}\right)+\rho g_x$$

$$\rho\left(\frac{\partial v_y}{\partial t}+v_x\frac{\partial v_y}{\partial x}v_y+\frac{\partial v_y}{\partial y}+\frac{v_z\,\partial v_y}{\partial z}\right)=-\frac{\partial \rho}{\partial y}+\mu\left(\frac{\partial^2 v_y}{\partial t^2}+\frac{\partial^2 v_y}{\partial y^2}+\frac{\partial^2 v_y}{\partial z^2}\right)+\rho g_y$$

$$\rho\left(\frac{\partial v_z}{\partial t}+v_x\frac{\partial v_z}{\partial x}v_y+\frac{\partial v_z}{\partial y}+\frac{v_z\,\partial v_z}{\partial z}\right)=-\frac{\partial \rho}{\partial z}+\mu\left(\frac{\partial^2 v_z}{\partial t^2}+\frac{\partial^2 v_z}{\partial y^2}+\frac{\partial^2 v_z}{\partial z^2}\right)+\rho g_z$$

会因为惯性作用而抗拒位置的变化。最终，勺子会挤开一些糖浆，让碗里的糖浆升起来一些。可是这将受到重力的阻碍，重力会试图把糖浆再拉下去。

现实世界中的应用

科学家和工程师在诸多领域内都会使用到纳维-斯托克斯方程，包括天气预报、海洋学、车辆设计、地震学、管道工程、风电场设计及污染研究等。

右图：从 17 世纪开始，咖啡馆在欧洲出现。受益于那里面杯杯咖啡的流淌，许多新的数学思想产生了，甚至纳维-斯托克斯方程也可能诞生于此。

下图：幸运的是，水既不是很浓稠，也不是很黏，否则根据纳维-斯托克斯的数学原理，喷泉就不可能成真，因为那样水根本喷不起来。

如果把一勺牛奶倒进一杯咖啡里，有了纳维-斯托克斯方程，你就可以描述牛奶和咖啡是怎么混合的。有了这个方程，你还能够给吹灭的蜡烛的烛芯升起的烟雾建模。此外，该设计一款怎样的轮船螺旋桨，才能把它旋转时对水的扰动降到最低？答案也在纳维-斯托克斯方程里。

克雷数学研究所提供了现金奖励，以此来激励人们解决那些难如登天的数学问题，其中就包括纳维-斯托克斯方程。

现实世界中的困难

通常情况下，如果你已经掌握了微分方程，有自己想要解答的问题，就会努力从这个方程中求出某某公式，而这个公式能完美地回答自己的问题。照这样的话，假使你想要知道一滴墨水完全扩散到一杯水中需要多长时间，那么首先要去求解纳维-斯托克斯方程，从中算出一个公式，把墨水扩散所需的时间跟水杯的大小、水温两个因素关联起来。然后把水杯的大小和水温的实际值代入公式中，计算出答案即可。

但哪有这好事，问题就在此——尽管历经了一个多世纪的努力，数学家们始终无法求得纳维-斯托克斯方程的一般解。我们能得出的只是一些特殊情况下的解，还有一些更一般但只是非常近似的公式解。哪怕是这些特殊解或者近似解，它们都用处极大，如果要是有纳维-斯托克斯方程的完整解，那将会更加厉害。然而，

我们现在连这些方程是否有解都还不清楚。相反，在某些情况下，纳维-斯托克斯方程可能预测出物理上不可能发生的事情——很可能是威力无穷的爆炸，幸运的是，事实并非如此。

方程的一般解用处是如此之大，以至于任何找到一个一般解的人都能赢取 **100** 万美元的奖金（神秘的纳维-斯托克斯方程是 **2000** 年克雷数学研究所选出的 **7** 个数学"千禧年"问题之一）。这个奖项也会颁发给任何证明该方程不可解的人。更多细节请参阅第 **174** 页。

参见：
▶ 方程，第 46 页
▶ 三次方程，第 64 页

2.71828182845 90

e

自然常数 e 可能是数学领域中最为重要的一个数字之一，它被广泛应用于生活的方方面面，比如你的银行存款。

莱昂哈德·欧拉是历史上最伟大的数学家之一，他一生笔耕不辍，遗留下了丰厚的数学成果——他撰写了上万页的学术论文，研究领域涵盖多个学术范畴，更把数学推广应用到了物理领域。**19** 岁时，欧拉完成了他的博士学位论文，之后便开始了他持续稳定高产的学术研究之路。即使后来双目失明，病痛也未影响欧拉的学术生产力，这大概归因于他超群的心算能力和记忆力。

数学之路

18 世纪，法国科学院多次拨款悬赏求解科学和数学问题。**1727** 年，欧拉参加了由法国科学院主办的有奖征文活动，当年的问题是找出船上的桅杆的最优放置方法。结果他得了二等奖，这可能是因为他

上图是欧拉诸多著作中的一本——《寻求具有某种极大或极小性质的曲线的方法》的封面，该书出版于 1744 年。欧拉是史上最多产的数学家，至今仍有部分著作未发表。

之前并没有见过真实的桅杆。

此时，欧拉已接到了位于圣彼得堡的俄国皇家科学院生理学所的邀请，尽管他对这个学科一无所知，但他还是接受了这个职位。在启程去俄国之前，他尽可能多地学习了有关知识，但当他到达圣彼得堡时，俄国正处于政治动荡期，这就意味着科学院无法拿出资金支付他的薪水。当时，他唯一能找到的工作是当一名船医，这要归功于他掌握得并不算多的医学知识和对船上桅杆的研究（虽然不是很相关）。幸运的是，在他为病人诊治之前，俄国皇家科学院已经为他筹集到了一笔经费。更奇妙的是，这笔经费还是为了一个数学岗位所设的，也就是说，欧拉要在数学所工作，而不是原来的生理学所。

从俄国到普鲁士

在圣彼得堡皇家科学院的 4 年中，俄国政治纷争不断，欧拉不得不低调行事，以免被卷入其中。所以，他非常高兴地接受了普鲁士国王腓特烈二世的邀请，加入了柏林新建的科学院。他到达后不久，王太后找欧拉聊天，但欧拉很少说话，王太后就问他为什么这么寡言。欧拉回答道："夫人，我来自一个如果人们多说话就会被绞死的国家。"在柏林科学院度过的 20 年中，欧拉源源不断地发现了大量美妙且重要的数学理论与公式，但他和国王的关系也在此期间闹僵了。当学院院长这一职位出现空缺时，二人的关系彻底恶化。那时，欧拉不仅是柏林科学院最伟大的数学家，他还负责了大量的日常事务。但是国王不顾这些情况，由于没能召到他最喜爱的几位数学家过来任职，就任命他自己作为新一任院长。

后半生

让腓特烈大帝怒不可遏的是，欧拉直接放弃了科学院的职务，回到了圣彼得堡。在那里，他接受女皇叶卡捷琳娜二世的邀请，成为圣彼得堡皇家科学院的院长。他之后一直在那里工作，直到去世。尽管失明了，但是他引领了当时科学的发展。在他去世的当天，他发现了制造现代热气球的动力学原理，并研究了近期发现的天王星的运行轨道。

关于利率计算

欧拉最伟大的发现之一，始于他与数学家兼其好友雅各布·伯努利讨论复利问题。设想你以 12% 的年利率把 100 元存入一个银行账户，1 年后你会得到多少钱呢？答案是至少 112 元。这是按 1 年 1 次计息条件下，你在 1 整年后可以得到的金额。

如果按月计息，你会得到更多，因为

第 2 个月不仅原来投资的 100 元会产生利息，第 1 个月赚取的利息也会产生新的利息（因为利息是按月复利的）。一整年下来，你的收入会比按年计息增加 68 分（见右侧的算式）。如果按周计息，你的收入总额会稍微再高一点。我们可以使用下面这个表达式说明，而不是通过绘制一个 52 行的表格来计算不同的计息方式下的利息。

$$p\left\{1+\left[\frac{1}{n}\left(\frac{r}{100}\right)\right]\right\}^{nt}$$

这里，p 表示原始投资额（即本金），r 表示年利率（以百分比形式表示），n 表示每年支付利息的次数，t 表示累积计息的时间（以年为单位）。对于最简单的情况（即按年计息）连本带利 1 年后的总金额为

$$100\left\{\left[1+\frac{1}{1}\left(\frac{12}{100}\right)\right]\right\}^{1}=112$$

若按月计息，则总金额为

$$100\left\{\left[1+\frac{1}{12}\left(\frac{12}{100}\right)\right]\right\}^{12}\approx112.68$$

若按周计息，则总金额为

$$100\left\{\left[1+\frac{1}{52}\left(\frac{12}{100}\right)\right]\right\}^{52}\approx112.73$$

据此，我们不难推测，当连续计息时

莱昂哈德·欧拉并不认为普鲁士的腓特烈二世如传言般那么伟大。

这幅彩色插图显示了 1744 年莱昂哈德·欧拉所描述的多重世界。他说,我们的太阳系正是众多星系之一。

总金额将达到最高(有一些银行确实也提供按连续复利计息的方式)。

由之前的公式,我们可以得到连续复利计息方式下的年收入。式中唯一的变量是 n。因此,我们需要了解当 n 增加时,数列 $(1 + \dfrac{1}{n})^n$ 是怎么变化的。此时又要提到

月份	本金	到目前为止的利息总额	总计	本月将增加的利息	加息总额[注]
1	100	0	100.00	1.00	101.00
2	100	1.00	101.00	1.01	102.01
3	100	1.01	102.01	1.02	103.03
4	100	1.02	103.03	1.03	104.06
5	100	1.03	104.06	1.04	105.10
6	100	1.04	105.10	1.05	106.15
7	100	1.05	106.15	1.06	107.21
8	100	1.06	107.21	1.07	108.28
9	100	1.07	108.28	1.08	109.36
10	100	1.08	109.36	1.09	110.45
11	100	1.09	110.45	1.10	111.55
12	100	1.10	111.55	1.11	112.66

注:因精确到两位小数,故最终计算结果有误差。

大数学家莱昂哈德·欧拉，他证明了当 n 增加时，数列 $\left(1+\dfrac{1}{n}\right)^n$ 越来越接近（即"趋于"）数字 **2.71828…**。这个数被称为欧拉数或自然常数，简记为 **e**。

于是，存入银行 100 元，1 年后最高可以拿到（注：按照年利率 **12%** 进行计算）

$$100\left[1+\frac{1}{n}\left(\frac{12}{100}\right)\right]^n=100\left[\left(1+\frac{12}{100n}\right)^{\frac{100n}{12}}\right]^{\frac{12}{100}}$$

$$=100e^{\frac{12}{100}}\approx112.75（元）$$

此处用到的函数 e^x 有一个非常实用的性质，即它的导函数还是它自身（$de^x/dx = e^x$），进而，（在忽略积分常数后）它的（不定）积分也是它自身：$\int e^x dx = e^x + c$。

关于增长率的学问

数字 **e** 可能是数学中最重要的常数之一，频繁出现在各种自然现象中，而且常以指数函数 $f(x) = e^x$ 的形式呈现。当某物随时间增长或收缩的速率（dA/dt）取决于当前的数值 $A(t)$ 时，也就是 $dA/dt \propto A(t)$ 时，这个函数就发挥作用了。

细菌繁殖时的个数就以这种方式增长。只要它们有足够的食物和空间，以及适当的生长条件，每个细菌就会一分为二。它的两个孩子会在一段时间后也分裂成两个，但时间可以从几分钟到几小时不等，

瑞士数学家雅各布·伯努利引导欧拉关注与数字 e 相关的各种自然现象。

收入的增长得益于数字 e，以及金融系统连续复利计息的方式。

原理

虚数与复数

为什么函数 e^x 的导函数就是其自身

$$\frac{de^x}{dx} = e^x$$，我们可以把 e^x 展开成一个级数

$$e^x = \frac{x^0}{1} + \frac{x^1}{1} + \frac{x^2}{2} + \frac{x^3}{6} + \frac{x^4}{24} + \frac{x^5}{120} + \cdots$$

其中各个分式中的分母 1，1，2，6，24，…分别是 x 相应幂次的阶乘。数字 n 的阶乘，记作 $n!$，表示 $1 \times 2 \times 3 \times \cdots \times (n-2) \times (n-1) \times n$。所以，$6! = 1 \times 2 \times 3 \times 4 \times 5 \times 6 = 720$。函数 e^x 的级数表达也可以整理为

$$e^x = \frac{x^0}{0!} + \frac{x^1}{1!} + \frac{x^2}{2!} + \frac{x^3}{3!} + \frac{x^4}{4!} + \frac{x^5}{5!} + \cdots$$

对函数 e^x 求导就等价于对级数中的每一项求导再求和（译者注：这个等价性需要级数满足某些性质，并不是所有都成立）

$$\frac{de^x}{dx} = \frac{d\,(x^0/0!)}{dx} + \frac{d\,(x^1/1!)}{dx} + \frac{d\,(x^2/2!)}{dx} + \frac{d\,(x^3/3!)}{dx} + \frac{d\,(x^4/4!)}{dx} + \frac{d\,(x^5/5!)}{dx} + \cdots$$

运用求导公式 $\frac{d(ax^n)}{dx} = nax^{n-1}$，上式右侧各项的求导结果为

$$\frac{d(x^0/0!)}{dx} = \frac{0}{1} = 0; \quad \frac{d(x^1/1!)}{dx} = \frac{x^0}{1} = 1; \quad \frac{d(x^2/2!)}{dx} = \frac{2x}{2} = x;$$

$$\frac{d(x^3/3!)}{dx} = \frac{3x^2}{6} = \frac{x^2}{2}; \quad \frac{d\,(x^4/4!)}{dx} = \frac{4x^3}{24} = \frac{x^3}{6}; \cdots$$

所以，$\dfrac{de^x}{dx} = 1 + x + \dfrac{x^2}{2} + \dfrac{x^3}{6} + \cdots$，亦可写作

$$\frac{de^x}{dx} = \frac{x^0}{0!} + \frac{x^1}{1!} + \frac{x^2}{2!} + \frac{x^3}{3!} + \cdots$$。又回到了函数 e^x 的级数形式。

从图形上看，这一性质意味着，如果我们计算曲线 $y = e^x$ 在任何给定点处的斜率，其值将与该点的高度（译者注：即 y 坐标）一致。

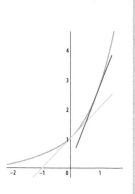

在上图中，橙色曲线表示函数 $y = e^x$ 的图像，绿色直线是该曲线在点（0，1）处的切线。它的斜率为 1。红色直线是曲线在点（1，2.718）处的切线，斜率是 2.718。

我们现在还可以解释，当 $n = -1$ 时，函数 ax^n 的积分为多少及其原因。函数 $y = \log_e x$ 的图像如右图中蓝色曲线所示。

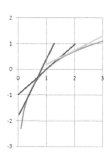

此图中的 3 条切线与曲线分别切于点 $x = 0.5$，$x = 1$ 和 $x = 2$ 处，且它们的斜率分别是 2，1 和 0.5。因此不难看出，函数 $\log_e x$ 的导数是 $1/x$（也可以写成 x^{-1}）。

反过来，$1/x$（或 x^{-1}）的积分是 $\log_e x + c$，或者更一般地，$\int ax^{-1}dx = a \times \log_e x + c$。

数字 e 是在研究细菌分裂的过程中发现的。

这取决于细菌的类型。这里我们假设它为 1 个小时。原始细菌的 4 个孙子辈会在 3 个小时后分裂，依此类推。因此，在任何特定时间内产生的细菌的数量取决于已经存在的细菌的数量。

因此，如果方程中的 $A(t)$ 表示 t 时刻存在的细菌数量，我们可以通过引入一个常数 k（称为比例常数），把关系式 $dA/dt \propto A(t)$ 转化为具体的微分方程：$dA/dt = kA(t)$。

设想我们从一个细菌开始，那么一天之后会是多少个细菌呢？为了找到答案，我们对方程进行积分，可以使用一种叫作分离变量法的方法。把一类变量移到等号的左边，另一类变量移到等号的右边，然后两边分别积分

$$\frac{dA}{A(t)} = kdt$$

$$\int \frac{dA}{A(t)} = \int kdt$$

式子左侧积分的被积函数是 $1/A(t)$，所以积分后得到 $\ln[A(t)] + c$；式子右侧积分后为 $kt + d$。于是，联立得到 $\ln[A(t)]+c$ $= kt+d$。

合并两侧的常数，记作新的符号"f"，简化上式，得到 $\ln[A(t)] = kt + f$。

对该式两侧做反对数运算（译者注：即指数运算），即得 $A(t) = e^{kt+f}$。运用指数的运算性质，指数相加意味着相应的幂相乘，所以 $A(t) = e^{kt+f} = e^{kt} \times e^f$。

再把常数 e^f 记作"g"，简化式子为 $A(t) = e^{kt+f} = e^{kt} \times e^f = ge^{kt}$。

又令 $h^t = e^{kt}$，继续简化 ge^{kt} 得到 gh^t。

这正是我们想求的，上述细菌裂变问题最简形式的解为 $A(t) = gh^t$。

通往未知

下面我们需要求解两个未知常数 g 和 h。在上述的例子中，细菌个数每次增倍所需的时间是 1 小时。也就是说，如果设 0 时刻存在的细菌数量 $A(t)$ 为 1 [即 $A(0)=1$]，则 1 小时后的细菌数量为 2 [记作 $A(1)=2$]。于是，$A(1)=2A(0)$。把这个条件代入之前的方程 $A(t) = gh^t$，有 $gh^1 = 2gh^0$。化简得 $h^1 = 2h^0$，因为 $h^0 =1$，故 $h = 2$。确定完未知量 h，这样我们的解可以写为 $A(t) = g2^t$。

接下来，我们来求解 g 的值。已知最初时刻（$t = 0$）的细菌个数为 1，即

$A(0)=1$。故 $A(0) = 1 = g \times 2^0$。由此可以解得 $g = \dfrac{1}{2^0} = \dfrac{1}{1} = 1$。

所以，对于上述细菌裂变问题，方程的最终形式是 $A(t) = 2^t$，则一天（24 小时）后的细菌数量是 $A(24)=2^{24}=16777216$。这串巨大的数字恰恰说明了指数增长的速度有多快。它还表明，我们需要小心数学公式是否完全契合现实：1600 万左右的细菌其实仍然很少（即使 1 万亿个细菌也才只有 1 克重），这个答案可能是精确的。但是，如果我们用公式计算 6 天后的细菌数量，我们得到的细菌质量将是地球的 3700 多倍。计算一周后的细菌数量，其质量将超过 100000 个太阳的质量。事实上，在几天内不断繁殖的细菌就能耗尽现有的所有食物，空间也越来越拥挤，没有足够的资源供细菌继续这样裂变，直到最后细菌停止生长。由此可见，世界未覆灭于细菌王国，人类何其幸运！

参见：
▶ 证明，第 16 页
▶ 微积分，第 110 页

对数与反对数运算

丢番图（参见第 47 页）发现两个同底数幂相乘，与其指数相加、底数不变得到的结果一致。比如，$100 \times 1000 = 100000$。用幂的形式重写此式，即 $10^2 \times 10^3 = 10^5$，这说明指数正如丢番图所指出的做了加法：$2+3=5$。

这里，2、3 和 5 分别称为数 100、1000 和 100000 "以 10 为底的对数"（即 lg）。对数值也可以是分数，2.30103 就是 200 以 10 为底的对数。我们用 10 为底数并非有特殊的意义，而且在许多情况下，使用其他数字为底数可能更方便，特别是自然常数 e。例如，$e^{2.996}$ 大约等于 20，所以 20 以 e 为底的对数（通常缩写为 ln 或 $\log_e$）大约是 2.996。

因此，如果 a 是一个数 n 以 b 为底的对数，那么就有 $b^a=n$。举个例子，100 以 10 为底的对数是 2，因为 $10^2=100$。100 以 e 为底的对数大约是 4.605，因为 $e^{4.605} \approx 2.718^{4.605} \approx 100$。

反对数运算是对数的逆运算：如果 a 是以 b 为底的数 n 的反对数，那么就有 $b^n=a$。举个例子，以 10 为底的 2 的反对数是 100，因为 $10^2=100$。以 e 为底的 4.605 的反对数大约是 100，因为 $e^{4.605} \approx 2.718^{4.605} \approx 100$。

代数基本定理

代数学是一门关于解方程的学科。数学上最伟大的智者之一在 19 世纪证明了，具体的代数方程总是有一个或两个答案。

毫无疑问，多项式方程在数学史上具有举足轻重的地位。求解多项式方程，或者说明其不可求解的原因，这两个问题不仅自数学诞生以来引无数最伟大的智者竞折腰，而且还衍生出整整一系列的新数学概念，包括负数、虚数、群（参见第 **140** 页）等。解多项式方程也大量应用于科技领域（参见第 **133** 页方框）。

总是有解

我们在求解一个多项式方程前，首先弄清楚它到底有没有解显然是极为有益的，而这正是代数基本定理所保证的：

每个 *n* 次多项式都有 *n* 个根。

"根"的意思就是答案，方程的解，有时也称为"零点"或"*x* 值"。不过，这些根可能是复数。所以，三次方程（最高次幂是 x^3 的方程）刚好有 **3** 个根，二次方程则有两个根，其余类似。

为了探明复根的思想，我们考虑下二次方程（ $ax^2 + bx + c = 0$ ）吧。对于二次方

卡尔·弗里德里希·高斯是著名的数学王子，在代数基本定理的研究中起到了推动作用。

程，只需调用求根公式 $x = \dfrac{-b \pm \sqrt{(b^2 - 4ac)}}{2a}$ 就可以简单地求解。在这个公式中，平方根符号内的项 $(b^2 - 4ac)$ 称为判别式，它表明根的类型。如果 $b^2 > 4ac$，那么方程有两个不同的实根；如果 $b^2 = 4ac$，那么有两个相等的实根；如果 $b^2 < 4ac$，那么有两个复根。以下面 3 个二次方程为例。

I. $x^2 + 3x + 2 = 0$

II. $x^2 + 2x + 1 = 0$

III. $x^2 + 3x + 2.5 = 0$

二次方程 I 中 $a=1$，$b=3$，$c=2$，所以它的两个根是 $x = [-3 \pm \sqrt{(9-8)}]/2 = -1.5 \pm 0.5$。

二次方程 II 中 $a=1$，$b=2$，$c=1$，所以它的两个相等的根是 $x = [-2 \pm \sqrt{(4-4)}]/2 = -1$。

二次方程 III 中 $a=1$，$b=3$，$c=2.5$，所以它的两个根是 $x = [-3 \pm \sqrt{(9-10)}]/2 = -1.5 \pm 0.5\sqrt{-1}$。

不存在和自身相乘等于 −1 的实数。我们直接用一个符号 i（参见第 79 页）来表示 "−1 的平方根"。这样的话，就可以把 $-1.5 \pm 0.5\sqrt{-1}$ 记作 −1.5±0.5i。因此，二次方程 III 中的两个根分别是（−1.5+0.5i）和（−1.5−0.5i）。

这两个数我们知道都是复数，这意味着它们每一个数都由两部分组成，左边的实数 −1.5 以及右边的虚数 0.5i 或 −0.5i。由于笛卡儿的工作（参见第 92 页），我们还知道有另一种（至少可以粗略地）求解二次方程实数根的方法，那就是把方程的图像画出来，如下图所示。

通过前两个二次方程的根，我们可以清楚地看到：绿色线在点 $x = -2$ 与 $x = -1$

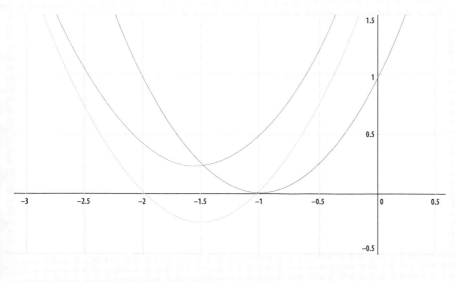

二次多项式方程示例：I（绿色线）、II（红色线）、III（蓝色线）。

处跨过 x 轴，红色线在 $x = -1$ 处与坐标轴相交。那蓝色线呢？发挥一点想象力，我们也可以利用它的图像来揭示它的根。像先前一样，我们首先从它的函数图像开始。

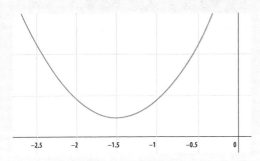

然后，作一条镜像曲线，即一条和蓝色曲线完全一样的曲线，只不过它的开口方向是向下的。

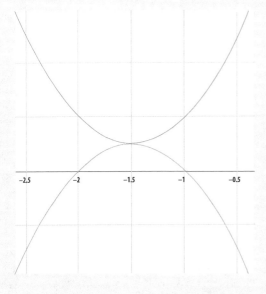

接下来，通过镜像曲线跨越 x 轴的交点（用红色点标记）作一个最小的圆。

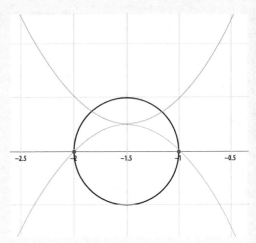

最后，想象把这个圆旋转 90 度（达到从 x 轴变换到 y 轴的效果），而后读取红色点的 y 坐标值，分别为 ± 0.5，即这个二次方程的解中 i 的系数。第 135 页的方框内容部分解释了上述操作的原理。

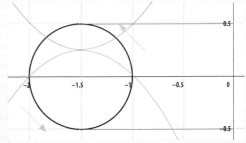

是贫民也是王子

许多数学家曾试图证明代数基本定理，不过解出这个题目的大师是卡尔·弗里德里希·高斯，他至少发现了 4 种证明方法。除了阿基米德、牛顿、欧拉以外，高斯也是最伟大的数学家之一。跟他们一

用起来的多项式

二次方程刻画了望远镜和碟形卫星天线的剖面。称为伯努利方程的一种二次方程被用以解释飞机是如何飞起来的，还有的二次方程用以预测导弹的弹道曲线。二次方程广泛应用于物理学、化学、生物学、经济学等诸多领域。

如果你扭转一根橡胶带，刚开始它还扭得齐整，但很快就会打结。要解开这个结，你就要反着扭，而且比刚才打结的时候还要多扭一些。物理学和工程学中还有很多此类现象的例子，都可以用三次方程加以刻画。四次方程刻画了源自发动机等设备的电磁干扰效应。

太阳系里的大多数物体都沿着环绕其他天体的轨道来运行：地球围绕太阳运行，月球围绕地球运行，而某些卫星围绕月球运行。这是因为，太空中的物

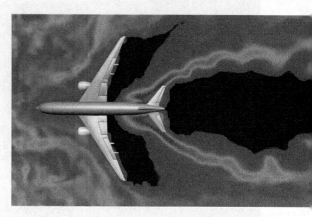

体想要不被离它最近的行星等大型天体的引力拽下的话，通常情况下的唯一途径就是围绕这个天体转动。然而，在靠近行星和卫星的地方存在几个点，在那些点上的物体几乎可以永远保持不动。这些位置所在的点被称为拉格朗日点，可由一个五次方程来刻画。

样，高斯对很多数学领域都做出了巨大贡献。跟他们一样，高斯还是工程学、天文学和语言学等领域的专家。他常常文思泉涌，于是随身带着个小本子以便及时记下来。他使用极度压缩的简写方式，以至于19页纸挤满了整整146个条目。举个例子，每个整数可以表示成最多3个三角数之和，他把自己的这个定理简单记作"数

$= \Delta + \Delta + \Delta$"。

搜寻谷神星

高斯的家庭并不富裕，不过他的数学才华引起了布伦瑞克公爵费迪南德的关注。公爵资助他到更好的学校去念书，高斯那时候才15岁。费迪南德公爵持续不断地给高斯经济上的支持，随需随付，直

到 14 年后公爵逝世。

到那个时候，高斯早已蜚声世界，可能他最负盛名的工作是发现了一颗失踪的行星。

开普勒（参见第 86 页）和其他天文学家过去一直被行星的定位所困扰，特别是火星和木星之间的巨大行星带。因此，当 1801 年 1 月 1 日一位叫朱塞普·皮亚齐的意大利修道士发现了在这个神秘的行星带中有一颗或隐或现的星体时，世人无不欢欣鼓舞。皮亚齐观察了新行星（很快被命名为谷神星）41 个晚上，并追踪记录它相对于恒星的坐标位置。然而他因病而止，之后谷神星很快运行到太阳后面，再无法看到。那么问题来了：星体这么昏暗，只有当天文学家准确地知道将要观测的位置和星体运行的轨道时，才能定位到它。但是那 41 天的观测

谷神星及其发现者朱塞普·皮亚齐

仅仅覆盖了整个轨道很少的一部分：准确地说是 2.4%。

找到轨道曲线

得益于开普勒和牛顿，人们对行星运动的规律有着深刻理解，而且明白轨道的一般形状（椭圆）。要是皮亚齐的观测足够准确的话，那算出椭圆轨道本是小事一

皮亚齐对谷神星在天空中轨迹的记录没有提供足够的信息。

Beobachtungen des zu Palermo d. 1 Jan. 1801 von Prof. Piazzi neu entdeckten Gestirns.

1801	Mittlere Sonnen-Zeit	Gerade Aufstieg in Zeit	Gerade Aufsteigung in Graden	Nördl. Abweich.	Geocentrische Länge	Geocentr. Breite	Ort der Sonne + 20″ Aberration	d.
Jan. 1	8 43 17,8	3 27 11,25	51 47 48,8	15 37 43,5	1 23 22 58,3	3 6 42,1	9 11 1 30,9	9,9
2	8 39 4,6	3 26 53,83	51 43 27,8	15 41 5,5	1 23 19 44,3	3 2 24,9	9 12 2 28,6	9,9
3	8 34 53,3	3 26 38,4	51 39 36,0	15 44 31,6	1 23 16 58,6	2 58 9,9	9 13 3 16,6	9,9
4	8 30 42,1	3 26 23 15	51 35 47,3	15 47 57,6	1 23 14 15,5	1 53 55,6	9 14 4 14,9	9,9
10	8 6 15,8	3 25 32,1	51 21 1,5	16 10 32,0	1 23 7 59,1	2 29 0,6	9 20 10 17,5	9,9
11	8 2 17,5	3 25 29,73	51 22 26,0					
13	7 54 26,2	3 25 30,30	51 28 34,5	16 22 49,5	1 23 10 27,6	2 16 59,7	9 23 12 13,8	9,9
14	7 50 31,7	3 25 31,72	51 28 55,8	16 27 5,7	1 23 11 1,2	2 12 56,7	9 24 14 13,5	9,9
17				16 40 13,0				
18	7 35 17,3	3 25 55,	51 28 45,0					
19	7 31 28,5	3 26 8,15	51 32 2,3	16 49 16,1	1 23 25 59,2	1 53 38,2	9 29 19 53,8	9,9
21	7 24 2,7	3 26 34,27	51 38 34,1	16 58 35,9	1 23 34 21,3	1 46 6,0	10 1 20 40,3	9,9
22	7 20 21,7	3 26 49,42	51 42 21,3	3 3,5	1 23 39 1,8	1 42 28,1	10 2 21 32,0	9,9
23	7 16 43,5	3 27 6,00	51 46 43,5	17 8 5,5				

桩。但是 **1801** 年时可用的设备还不可能达到这样的精度。

将皮亚齐的数据画出来能跟很多不同的轨道吻合，因此要预测谷神星从太阳背后出现的位置，它就派不上用场：因为所有这些不同的轨道曲线在一起覆盖了天空中很大一片区域。皮埃尔 – 西蒙·拉普拉斯是当时最伟大的数学家之一，也是天文学家，他宣布这个问题不可能解决。然而，高斯给出了解答。**1801** 年 **11** 月，他完成了对谷神星位置的预测并发布出来，而后 **12** 月上旬，在极为靠近他所预测的位置的地方，人们定位到了看似谷神星的星体。这时需要等待一小段时间，天文学家们才能确认天体是否按照所预测得那样运动（否则有可能结果是另外一个天体，只是恰好在那个方向上）。**12** 月 **31** 日，距皮亚齐最早发现谷神星差不多刚好一年的时候，预测结果被确认了。谷神星重新被找到了（现在我们知道它是最近的矮行星）。高斯从此名满天下，拉普拉斯称他为"落入凡胎的天神"。

维度转换

在第 **81** 页提到过，我们可以把复数画在二维平面图上，其中 x 轴表示数的实部，y 轴表示数的虚部，这个图就叫阿尔冈图。不同于人们更熟知的一维实数，把复数当作一对实数坐标的处理方法事实上表明复数可被认为是二维对象。

下面是第 **131** 页 **3** 个方程的解的阿尔冈图。

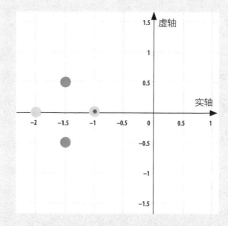

因此，正文中解的旋转就是针对那两个具体的点把 y 轴当成是虚轴而进行的操作。

参见：
▶ 第 60 页，代数学东移
▶ 第 82 页，代数学法则

微积分基本定理

拿破仑·波拿巴于 1804 年成为法国
皇帝之后，大力推崇数学（包括微积分）
的实际应用。

奥古斯丁·路易斯·柯西起初是一位
工程师，在法国瑟堡的拿破仑港口工
作。该港口在柯西死后也荒废了。

1813 年，巴黎综合理工学院的学生们制作了一个巨大的电池。电池是拿破仑·波拿巴倡导的另一项发明。

一位年轻的数学家响应了帝王的这一号召，此人即为奥古斯丁·路易斯·柯西。柯西于 1802 年入读先贤祠中心学校，该校是当时培育工程师精英的最受赞誉的中学，会给学生讲授数学、科学，以及它们的相关应用。

在中学，柯西的成绩非常优异，多次参加竞赛获奖。之后，柯西考入桥梁公路学校。毕业后，柯西前往瑟堡参加海港建设工程。当时，法国皇帝拿破仑·波拿巴正欲在瑟堡建造一个强大的海军基地。但是，在工作过程中，柯西逐渐对工程建设丧失了兴趣，而开始更关注于基础数学研究。1812 年，当柯西因过度劳累而病倒时，他搬去了巴黎。此时柯西年仅 23 岁。

怪癖

柯西与许多同事的关系很不好，他更喜欢待在一个静谧的、不需要与人交流的、纯数学的世界里。柯西是一位虔诚的天主教徒，右翼思想严重，曾公开蔑视许多其他数学家，因而，他是一个极难相处的人。他对确定性、稳定性和秩序性的苛求，源于他的童年经历。他出生时，父母刚刚逃离巴黎，以躲避时局动荡所带来的危险与恐惧，因而，柯西的童年是在聆听父母关于大革命的恐怖故事中度过的。

那时候的微积分理论也正需要严谨化。自从牛顿和莱布尼茨于 17 世纪分别独立发明了微积分理论以来，它一直被主要用于实际问题（参见第 110 页）。而在接下来的几十年里，数学家和科学家们开始关注这一理论在不同领域中的巨大潜力。直到 18 世纪下叶，学术领域才传入一股新气息。此时人们意识到数学是一门强大好用的学科，把数学理论建立在严谨的证明上，显得越来越重要。在当时，数学证明的标准还是非常多变的，考察一个证明的严密性仍受个人观点、技巧和品味左右。毕竟，在许多学科中，如生物学、经济学等，几乎任何结论都是不可能被证明的，而是靠实验检验的，但这些学科都取得了长足的发展。此外，在古希腊数学盛行的伟大时期，严格的证明依然是数学家们梦寐以求的目标。

更古老的问题

古希腊数学家提出的诸多几何问题，无论在当时是否能用初等的方法证明，现在都能用微积分轻松解决。比如曲线上一

点的斜率、曲边梯形的面积，等等（参见第 41 页）。到 17 世纪后期，人们已经掌握了用求导的方法计算曲线上一点的斜率和用积分计算曲边梯形的面积。

这也就是说，如果我们能写出曲边梯形面积的函数表达式，通过对表达式进行求导，我们便能得到该梯形的曲边的函数表达式。类似地，如果我们知道曲线上各点斜率的函数表达式，通过积分，便能得到曲边的函数表达式。

求导与积分互为逆运算？

由此可见，求导运算和积分运算在某种程度上看，颇有互为逆运算的味道。然

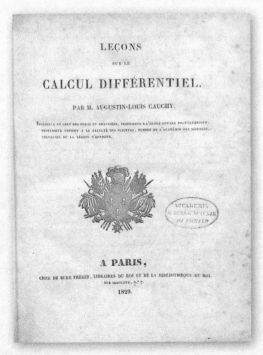

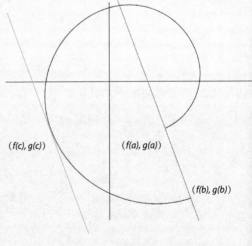

就科研成果的产量而言，数学家中只有莱昂纳多·欧拉比奥古斯丁·路易斯·柯西更高产。柯西的数学成果总共有 27 卷，其中包括上图中描述的以他的名字命名的柯西中值定理。

而，在数学和科学领域，常常看起来显而易见的事物却蕴含着令人震惊的结论（参见第 **16** 页）。

举个例子。把少量水放置在一个密闭的容器中加热，受热后，水会转化为水蒸气，产生高压，进而容器会爆炸。相反，如果在相同的密闭容器中充满蒸汽，冷却容器则会引发内爆导致容器变形甚至破碎。这两个实验貌似描述的是相反的过程，因为第 **1** 个向外产生扩散的力，而第 **2** 个向内产生凝聚的力。两种不同的力，大小相等方向相反：一为蒸汽产生时向外的推力，一为蒸汽消失时向内的压力。

事实上，这两者并不是完全相反的过程。比如，当这两个实验是在外太空进行时，加热该容器还是会爆炸，但是冷却该容器并不会引发容器变形甚至破裂。在第一个实验中，水变成蒸汽，体积膨胀，产生的压力导致了容器的爆炸。但在第二个实验里，蒸汽不会产生任何的新事物。事实上，蒸汽只是因冷凝使得体积缩小，而容器会变形并不是因为容器内的冷凝水、蒸汽或其他任何物质，只是因为容器外的大气压，内外压强差导致了容器的形变。因此，试想一下，如果容器外部没有空气，比如在外太空中，那么在第二个实验中容器将不会产生形变。

并不是所有过程都存在逆过程，即使在数学领域中也并不尽然。

微积分基本定理

因此，当时一些数学家开始探索求导运算和积分运算是互逆运算的严格证明。最终，柯西给出了证明，而这只是他宏图伟业中的一部分。他志愿严格化数学理论，并进一步拓展，在任何可能的领域寻找数学的应用，并把数学建立在坚实的理论基础之上。

柯西证明的求导运算和积分运算是互逆运算的这个结论，就是微积分基本定理。

参见：
▶ 微积分前传，第 40 页
▶ 微积分，第 110 页

群论

埃瓦里斯特·伽瓦英年早逝，这惊世成果均是在青少年时期取得却已开创了数学全新分支。

许多个世纪以来，数学家们都在摸索五次方程如何求解。人们无奈地发现，大多数五次方程是无解的，却并不知晓其中的缘由。直到一位法国数学奇才发现了个中本质，进而，开创了数学界的一个全新领域。

在代数学的发展史中，人类很早就开始致力于多项式方程的求解问题：古巴比伦数学家发现了一元二次方程（$ax^2 + bx + c = 0$）的求解公式，而一元三次方程（$ax^3 + bx^2 + cx + d = 0$）和一元四次方程（$ax^4 + bx^3 + cx^2 + dx + e = 0$）的求解方法也在 16 世纪被发现。但是，一元五次方程（$ax^5 + bx^4 + cx^3 + dx^2 + ex + f = 0$）是否也有一般的求根公式呢？这个高阶谜团，曾经困扰了人类 300 多年。数学家们找到了一些特殊的一元五次方程的根，可谁也无法给出一个公式，能仅仅依靠方程的 6 个系数（a，b，c，d，e 和 f）计算出方程的根。

年轻的"觊觎者"

洞悉其中奥妙的数学家是埃瓦里斯特·伽罗瓦，他的主要成就是提出了群的概念，并用群论彻底解决了求解代数方程的根的问题，从而他开拓了数学研究领域的一片新天地。他的成果部分建立在数学家柯西已有的工作基础之上——但是两人性格迥然不同。伽罗瓦是一位激进分子，极力反对柯西推崇的传统体制，包括社会阶层的划分与贵族生而有之的特权。

英年早逝

伽罗瓦一生充满了戏剧色彩却又十分坎坷，他的成果为世人所知的并不多，这是因为他苦于无法向外人清晰地展示自己的想法。比如，先因颟顸无能的主考官，后因父亲的冤死，他未被巴黎最一流的大学——综合工科大学录取。两次落榜后，他不得不进入相差甚远的高等师范学院就

决斗在 19 世纪 30 年代的法国是被禁止的，但是当时的年轻人还是习惯于用决斗的方式来解决争端。

读。在校期间，他在一家报纸上撰文抨击校长，因此被学校开除。之后，国王因怀疑法国国民警卫队有叛乱之心而解散警卫队，伽罗瓦却公然在公共场合穿着警卫队的制服，这种挑衅行为使他锒铛入狱。在狱中，他结识了监狱医生的女儿斯蒂芬妮·菲利斯·杜莫特尔，二人陷入了热恋。在他获释后不久，因为某些未知缘由，或许与斯蒂芬妮有关，伽罗瓦在一场决斗中身亡，去世时年仅 20 岁。

1830 年，法国爆发七月革命，伽罗瓦正好经历了这场腥风血雨。

毕生成就

在致命决斗的前一天，伽罗瓦似乎预料到自己难以摆脱死亡的命运，于是，连夜给朋友写信，仓促地把自己生平的部分数学研究心得扼要写出，并附以论文手稿，以期朋友代为发表。这些研究成果中就包括处理五次方程的新思路，并不再是去寻找一般的求根公式，而是去探讨这种通用公式存在的可能性。伽罗瓦不是第一位质疑五次方程的一般求根公式存在性的人，但是他的方法比先驱者们更具有一般普适性。

伽罗瓦并不是聚焦于几个特定的五次方程，或所有五次方程，而是采用了一种更抽象的方案——研究全体多项式。这是一个极具挑战性的想法，因为这意味着他要处理的方程，其等式两边的项数都是抽象的字母，而不是确定的数字：$ax^n + bx^{(n-1)} + \cdots + cx + d = 0$。

如果伽罗瓦能破解这个一般多项式方程的求解问题，那么他就解决了任意次多项式方程的求解问题。这里"次"指多项式中未知数的最高次幂的指数。比如，二次多项式的次数为 **2**，因为二次多项式中 x^2 是最高次幂。

对称性的运用

在数学研究中，越抽象的问题越难以解决，甚至连起步都很困难。伽罗瓦在研究多项式方程求解问题的过程中发现，对称性是解题的关键。对称性也是艺术和几何中非常重要的概念，但如何把对称信息转化成数字或公式，并不显而易见。事实上，即使用语言描述清楚对称性都不是一件易事，虽然直观地判断一个事物是否具有对称性并不困难。而定义对称性最有效的方式是用变换的语言，即若存在一个变换，使得变换前后的事物完全重合，则称这个事物具有对称性。我们不妨以等边三

许多事物的美好缘于外表显而易见的多重对称性。

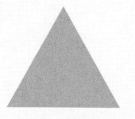

角形为例，看看它是否为对称图形。

如图，我们从上方顶点处用虚线画出底边的中线，再放置一面镜子在中线上，镜中成像将与另一半一模一样。所以，等边三角形是对称图形，因为镜像变换前后，等边三角形没有任何变化。我们把这种性质称为镜像对称性。

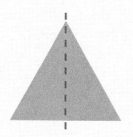

沿着三条中线中的任意一条，等边三角形都具有如上的对称性。因此，等边三角形有 **3** 条镜像对称的对称轴。

除了镜像对称，等边三角形还有其他对称性吗？

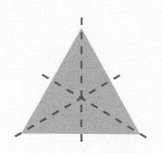

是的。当等边三角形旋转 **120** 度、**240** 度或 **360** 度时，三角形的形状都不会发生任何变化，旋转前后完全重合。我们称此性质为旋转对称性。（因为任何图形旋转 **360** 度都会和原来的图形重合，所以旋转 **360** 度并没有什么意义。）

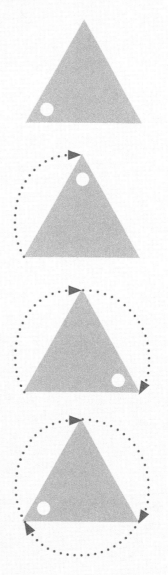

144

以上描述了等边三角形的所有对称变换，即所有不改变其初始形状的变换方法。这6种对称变换构成了等边三角形的对称（变换）群。研究这些对称变换的理论即为群论。在伽罗瓦之前，已有许多数学家热衷于群论的研究，其中一个代表人物就是柯西。但是，把群论运用于多项式求解问题，确实是伽罗瓦开了先河，其开辟的数学研究新领域被后人称为伽罗瓦理论。他证明，虽然四次及以下次数的多项式方程具有某些对称性，但是这些特性在更高阶方程中并无体现。这也就意味着，他验证了五次及以上次数的方程不可能有一般解。

置换

那么，对方程而言，何为对称性呢？跟三角形不同，一个方程的对称性没有那么直观（一个方程常常有几种不同的表达形式，进而其性质更难以描述）。而且，观察一个方程时我们并不能如之前对待三角形那样做反射或者旋转。取而代之，我们对方程进行一种叫作置换的操作。置换一个方程，就是把方程中的变量 x 和 y 相互对调，如对方程 $x = y + 1$ 做变量置换，就得到新的方程 $y = x + 1$。这个置换究竟干了什么呢？我们在 146 页做出了置换前后两个函数的图像，由此读者可以对上述置

某天上午 10 点，你将开始一段 4 个小时的旅程。那么，当你到达目的地时，是几点呢？这个计算需要用到模 12 运算。在一般的加法计算中 10+4=14，但是在模 12 运算中 10+4=2。因此，你到达目的地的时间应该是下午 2 点。一般的加法运算就好比在一根数轴上平行向前移动，模运算却更像环绕一个圆周在旋转，所以，模 12 运算就是设定一旦和达到 12 的整数倍就将结果自动清 0。因此，模 12 运算可以看作在如下图的一个表盘面上旋转。

当然，并不是所有的表盘面上均有 12 个刻度。14 世纪，意大利的部分公共时钟是有 24 个刻度的。在法国大革命时期，有人计划更改一天的总小时数，因此，也出现了表盘面上只有 10 个刻度的时钟。而无论是 12 个刻度、24 个刻度，抑或是 10 个刻度或其他，它们都有自己的模运算方式。对于 24 个刻度的表盘面，我们运用模 24 运算，所以 10+4=14。对于 10 个刻度的表盘面，我

们运用模 10 运算，所以 10+4=4。

这些模运算与一般的加法运算的主要区别在于，一般加法运算的结果可以是无限长的数轴上任意一个数，而模运算的结果只有有限种可能。比如，下表中我们列出了模 3 运算可能出现的所有结果。这样的表被称为凯莱表。

+	0	1	2
0	0	1	2
1	1	2	0
2	2	0	1

由上表可知，2 与 2 的和在模 3 运算下的结果为 1。

+	0	1	②
0	0	1	2
1	1	2	0
2	②	0	①

对任何一个群，我们可以构造如上的运算表。比如，我们可以罗列等边三角形上所有旋转对称变换的旋转角度以及变换后的角度，得到下图：

R	0 度	120 度	240 度
0 度	0 度	120 度	240 度
120 度	120 度	240 度	0 度
240 度	240 度	0 度	120 度

表中未列出"旋转 360 度"一项，这是因为任何物体旋转 360 度后必将与原图形重合。

注意到表中的结果要么是 0 度，要么是 120 度的整数倍。我们可以简化上表，只列出每个结果相对于 120 度的倍数：

+	0	1	2
0	0	1	2
1	1	2	0
2	2	0	1

那么，我们得到的简化表就与模 3 运算的计算表一模一样。因此，这个表既能描述三角形的旋转运动，也能描述模 3 运算。

这个群含有的元素很少，很简单，所以这种相似性显得并不是很惊人。但其实，更为复杂的群并不是只与数学的不同领域相关，它们把数学与现实生活也紧密联系了起来。

例如，亚原子粒子也具有某些对称性，也就是说，我们可以对它们做某种变换，而变换前后粒子的形态保持不变。

1962 年，科学家们试图找到一些他们所知道的亚原子粒子的自然分类方式。默里·盖尔曼运用群论来帮助解决了这一问题，并构建了复杂的凯莱表。但图表中有一些奇异的空缺。科学家们试图运用对称性寻找一种粒子恰到好处地填补这些空缺，并于 1964 年真的发现了这个失踪的粒子——奥米伽负粒子。

同一年，一些科学家再次运用群论预测到了另一个粒子。同样的事情在 21 世纪再次发生了。当科学家们意识到，如果宇宙中只能再有一种粒子，那么描述他们所知道的粒子对称性的群将会更简单。他们于是致力于寻找这种粒子，最终发现了希格斯玻色子。

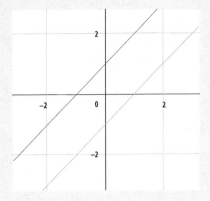

换有更真切的理解。

图中所示，变换前后两个函数的图形并不重合，所以，这个置换并不是一个对称变换。但是，如果我们置换方程 $x = 1-y$ 为方程 $y = 1-x$，并做出图像，就可以发现，这两个函数的图像是重合的。

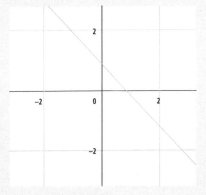

因此，这个置换是一个对称变换。正如等边三角形的所有对称变换构成该等边三角形的对称（变换）群，一个方程的所有置换构成该方程的置换群。

参见：
▶ 方程，第 46 页
▶ 抽象代数，第 158 页

粒子对称性

亚原子粒子因实在太微小而难于观测，任何意欲测量粒子的尝试都会改变粒子的形态。而我们唯一能观测和测量得到的，只有亚原子粒子最终发生了何种变化。其中，部分粒子是自身发生了变异，而另一部分粒子是相互间发生碰撞而变形。

由此，科学家们可以研究粒子的对称性，如考察其形态或方程式在作用前后的变化。如果对一个粒子施加一种变换，但是该粒子继续像改变之前那样运动，这意味着这个粒子具有某种对称性。

想象一下，一对带电粒子碰撞后产生了一对新粒子和一束紫外光。现在，我们对粒子施加某种变换，比如把原始那对粒子的电极互换，然后重复之前的实验。如果我们得到与以前相同的结果（两个新粒子和一束紫外光），这意味着交换电荷的电极并没有产生什么影响，所以，我们确定出了一种对称性。也就是说，我们可以认为粒子间电荷电极互

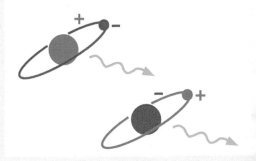

换是一种对称性作用（这就是电荷共轭对称性）。

另一种粒子对称性变换是旋转。大多数粒子都是沿着顺时针方向或逆时针方向进行自转的。"宇称"对称性是指，当粒子自转的方向改变时，粒子仍保持原有的方式运动。这种性质可以看作是某种反射对称性，因为在镜中观察粒子时，其自转方向恰好发生反转。

时间反演对称性是指，如果粒子以某种方式相互作用，那么当时间倒退时，这种相互作用就会逆反。这种性质似乎并不值得一提——毕竟，我们可以简单地想象一下，时间一旦倒流，那么一切是不是都该发生逆转？就像一张影碟被放入放映机里却摁了倒带键，然后，我们就看到了人们倒着上楼，破碎的鸡蛋恢复成完好如初的样子，爆破的碎片凝聚成了炸弹等神奇的画面。事实上，这不正是我们平时所说的"时光倒流"的意思吗？

值得一提的是，有一些涉及 **K** 和 **B** 介子的粒子相互作用的例子，人们相信，如果时间倒流，它们之间的相互作用并不会发生逆转。

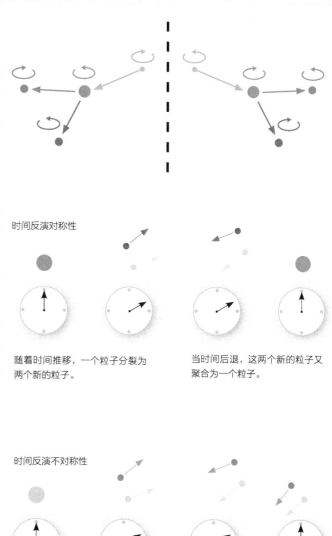

时间反演对称性

随着时间推移，一个粒子分裂为两个新的粒子。

当时间后退，这两个新的粒子又聚合为一个粒子。

时间反演不对称性

随着时间推移，一个粒子分裂为两个新的粒子。

当时间后退，这两个新的粒子并不能再聚合为一个粒子。

四元数

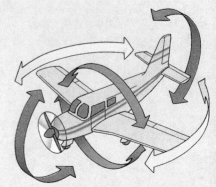

若要计算三维物体的运动轨迹，就需要四维的背景坐标空间。

大多智能手机上的应用都需要知道手机的定位，飞行员也需要知道飞机的定位，而这两种定位的原理其实都出自四元数的应用。

要了解四元数的应用原理，我们得先回顾一下描述复数的阿尔冈图（参见第135页）。如下图表示的正是复数（1+1i）。

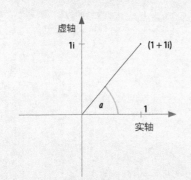

图中角（*a*）为45度，表达的是复数 (1+1i) 的向径与实轴的夹角。通过对复数 (1+1i) 乘以其他复数，我们可以旋转向径，得到45度的倍数等新的角度（如第149页左上图所示）。由此，我们可以轻松表示出角度的旋转。如图中标示出了复数 (–1+1i)，其向径就是复数 (1+1i) 的向径逆时针方向旋

转90度得到的。我们可以把原来的复数 (1+1i) 乘以虚根 i，得到复数 (–1+1i)，即 i × (1+1i) = (1i+1ii) = (1i + 1i^2)。因为 i^2 = –1，所以上式可以转化为 1i + (–1)，即点（1i, –1）。

虽然这个数的实部和虚部书写的顺序颠倒了，并不是我们通常习惯的 (–1+1i) 的写法，但是在复平面上我们还是如常地描述这个点：水平方向轴描述复数的实部，竖直方向轴描述复数的虚部。所以,（–1+1i）即为复平面上横轴坐标为 –1，纵轴坐标为 1 的点。而乘以复数 i 的效果，就是把所有复数的向径逆时针旋转了 90 度。类似地，通过乘以 i 的某个分数倍或者某个整数倍，我们就可以把向径旋转任意角度。

新的维度

当然，生活中的实物，如飞机或者电话，是不能限制在一个二维平面内的。而为了描述这些三维事物的运动轨迹，就

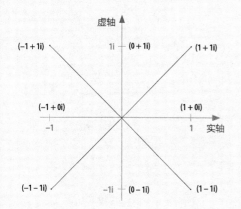

需要四元数,一位爱尔兰数学家威廉·罗恩·哈密顿于 **1843** 年发明了这个概念。之后,哈密顿断断续续花了 **15** 年的时间发展四元数理论,一如他对数学一生的热爱。

哈密顿一开始的想法只是拓展复数扩维的思想。考虑到每一个复数 (*a+bi*) 是由两部分构成的,实部 (*a*) 和虚部 (*bi*),哈密顿的想法是增加第三个维度,定义"超复数"为形如 (*a+bi+cj*) 的数。这里的 **j**,他认为与虚根 **i** 一样,应该是数 **–1** 的另一个平方根。然而,无论哈密顿怎么努力,都无法让这些被他称为"三元数"的数如复数一样合理运算。尤其是两个"三元数"的乘法,哈密顿很长一段时间都想不好其定义方式,能使乘积有合理的意义。以至于哈密顿的孩子们都已经很习惯于见到自己的父亲日复一日地探索,每天清晨早安问候时,他们总要问一句:"爸爸,你会三元数的乘法了吗?"而哈密顿只能一次又一次地回复:"还没有。"

圆周上的旋转

如上文所述,我们可以把一个复数乘以虚根 **i**,抑或是其分数倍或整数倍,使得复数的向径做各种旋转。但是,这种变换也拉伸或缩小了向径,所以变换后得到的点可能并不在同一个圆周上。为了让这些点始终与最初的复数保持在同一个圆周上,我们就需要固定到原点〔即点 (**0**,**0i**),也是实轴与虚轴的交点〕的距离。换言之,如图所示,绿色线段应该是长 **1** 个单位长度的线段。

复数 (**1+1i**) 的向径与单位圆周交于一点,现在我们来求出这个点。如图,该点的向径可以看作一个直角三角形的斜边,这个三角形的两条直角边等长 (此三角形称为等腰三角形)。

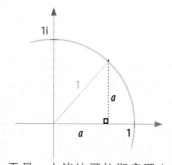

于是,由毕达哥拉斯定理 (勾股定理) 可以得到 $a^2 + a^2 = 1$,即 $2a^2 = 1$。所以,$a = \dfrac{1}{\sqrt{2}}$。这也就意味着,我们所求的点的坐标为 ($\dfrac{1}{\sqrt{2}} + \dfrac{1i}{\sqrt{2}}$)。

直到有一天，哈密顿和妻子在外面散步，他突然灵光一现，茅塞顿开，关于四元数的乘法方式出现在了哈密顿的脑海中。一时哈密顿顾不上其他，立刻冲到最近的一座桥上，用随身携带的小刀在桥身上刻下了闪现的想法。他写的是：$i^2 = j^2 = k^2 = ijk = -1$。

也就是说，他需要引入两个新的变量，而不是一个。如果哈密顿早点关注三维空间中的旋转问题，他也许在多年前就能得到这个惊世发现。然而事实上，他是在合理定义了四元数的运算之后，才意识到四元数可以用于研究计算三维物体的旋转轨迹问题的。

三维空间中的扭转

首先，为了定义旋转轴，我们需要两个变量 θ 和 φ，如右上图所示。然后，为了描述将被旋转的点，我们需要知道点到原点的距离 δ，以及向径与旋转轴的夹角 γ。

因此，为了表达清楚三维空间中的旋转，我们需要 4 个变量。而之所以在二维平面上只需要两个变量就能描述旋转，是因为每个四元数的形式为 $(a+bi+cj+dk)$，其中 a、b、c 和 d 为实数，i、j 和 k 为 -1 的 3 个平方根。四元数的运算法则很是新奇，以至于哈密顿花费了那么多年时间才发现了它。也正是因为此，它一经发现便震惊了世人。四元数运算中要求 i、j 和 k 必须满足下面的规则：

$$i \times j = k \quad j \times i = -k$$
$$j \times k = i \quad k \times j = -i$$
$$k \times i = j \quad i \times k = -j$$

显而易见的错误

上述想法对当时的哈密顿来说，必然是难以接受的，就如同引入虚根的韦达无法接受自己定义的虚数一样（参见第 **82** 页）。代数中一个最基本的，也是最让人觉得自然的运算律就是交换律，即 $xy =$

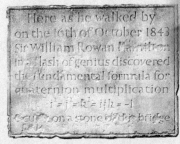

哈密顿在都柏林的布鲁厄姆桥上的涂鸦早已不复存在，但现在那里立有一块牌匾用以纪念这一事件。

标量和矢量

无论四元数有什么意义，其第一个元素只是一个数字而已。而其他 3 个元素可以被认为是三维空间中的各向距离，即每个元素表示一个维度上的距离。哈密顿称第一个元素为"标量"，另外 3 个元素为"向量"（或称为"矢量"）。事实证明，矢量在物理学中非常有用，而且自这一发现之后，矢量一直被广为运用于各种多维问题之中。任何有方向的量都是矢量（比如耀斑的速度和加速度，见右图），没有方向的量都是标量（比如温度、质量或密度）。矢量也可以做加减乘除运算。

yx，就如 $2 \times 3 = 3 \times 2 = 6$。

当我们在做两个数的乘法运算时，乘数与被乘数在运算时是无所谓顺序的，也就是说乘法满足"交换律"。加法也满足交换律：$x+y = y+x$，但是减法和除法没有这个性质：$x - y \neq y - x$，$x/y \neq y/x$。对于一般的实数或复数，定义无交换性的乘法运算并没有什么意义。如下图，摆放着 15 个筹码。我们并不需要去一个一个地数筹码的个数，因为一眼可见，筹码被摆成了 3 行 5 列，于是筹码的个数一定为 $3 \times 5 = 15$（个）。

重新洗牌，移动筹码摆成 5 行 3 列，此时我们可以用 5×3 来计算筹码的个数。但是一定没有人会再计算一遍这个乘积，明显这个答案不会与之前的结果有异。

所以，对哈密顿而言，他最初最自然的想法也是要定义符合交换性的乘法：$i \times j = j \times i$。但是，他研究发现这种定义方式是不可行的。也就是说，四元数的乘法不满足交换律。

这是数字运算和代数符号运算第一次出现如此巨大的差异。就此意义而言，这也是抽象代数（参见第 158 页）发展迈出的第一步。此后，更多的数学家开始致力于研究不满足交换律或其他常见运算律的代数系统。虽然，无交换性使得四元数看似很奇怪，但其实它们是一些非常实用的数学工具——向量的源起。

参见：
▶ 不是实数的数，第 74 页
▶ 代数几何，第 92 页

数理逻辑

自苏格拉底和亚里士多德时代以来，人们就开始了对逻辑学的研究。1833 年，一位英国数学家发现了一种新的方式来描述逻辑——用数学的语言来研究逻辑学。

1833 年 1 月的一天，在唐卡斯特的田间，乔治·布尔和他的妻子漫步于小道上。彼时，乔治·布尔还只是小镇上的一位助理教师。他的父亲生意失败，他依靠这份工作来养活父母和兄弟姐妹，而他内心真正的梦想是在大学里研究数学。家境的清贫阻断了他的梦想，但他没有放弃，而是竭尽所能地努力自学。当夫妻俩穿过这片冰冷的田地时，布尔突发奇想：数学已经被牛顿极为成功地用于解释物理世

乔治·布尔的著作《思维规律》发表于 1854 年，是一本有关信息理论和数字计算的经典书籍，可以被视为第一本"人工智能"专著。

界的运作，那么，我们为什么不能同样用数学来分析人类思维的过程呢？

古典思想

布尔的余生都在思考这个问题，而这个问题同时也吸引了之后许许多多的科学家和数学家。正如布尔所知，大约在公元前 **350** 年，亚里士多德在他的《前分析篇》一书中，已经朝着这个方向迈出了第一步。在这本书中，他阐述了一些后来被称为逻辑的原理。特别是，亚里士多德阐述了这样的论点："凡人终有一死，苏格拉底是人，所以苏格拉底也会死。"亚里士多德所陈述的，并不是一个多么令人震惊的理论，而人们可以从他这个论点中提取一种思维模式：所有的 **A** 是 **B**，若 **C** 是 **A**，那么 **C** 是 **B**。这种模式可以应用于所有此类论证中。这和代数论证模式完全一致。

比如公式 $a^2+b^2=c^2$ 适用于 $a=3$，$b=4$，$c=5$ 的情形，也适用于 $a=5$，$b=12$，$c=13$ 的情形，以及 $a=7$，$b=24$，$c=25$ 的情

形，等等。

类似地，亚里士多德的论证模式（所有的 **A** 是 **B**，又 **C** 是 **A**，所以 **C** 是 **B**）也适用于当 **A** 表示"哺乳动物"，**B** 表示"拥有肺部"，**C** 表示"狗"时的情形，以及当 **A** 表示"正多边形"，**B** 表示"对称的"，**C** 表示"正方形"时的情形。

当然，布尔代数体系远比此更强大。布尔找到了一种方式，可以把"与""或"和"非"都转化为代数语言。

探索之路

布尔摸索的第一步是用数字来表示"真"和"假"。这个问题的答案实际上是在两个世纪前由莱布尼茨提出的。大约在 **1679** 年，莱布尼茨发明了二进制计数法（基数为 **2** 的计数系统）。二进制计数法最

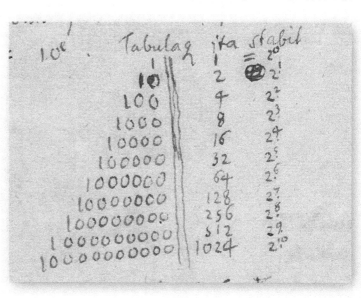

戈特弗里德·莱布尼茨于 17 世纪发明了二进制计数法。布尔也把二进制计数法运用到了布尔代数中。

大的优点是简洁：只需要两个数字 **1** 和 **0**，就能表示出所有的数字。这正是布尔所需要的：一个系统，其中任何值都可以仅用两个符号表示。

于是，通过采用二进制计数法，布尔能够将数字与"真值"对应起来：**1**="真"，**0**="假"。有了这个想法，布尔和其他追随他的想法的数学家们找到了逻辑论证中基本元素的表示方法，其中包括"非"（**NOT**）、"与"（**AND**）和"或"（**OR**）。这些元素被称为逻辑门，因为像门一样，它们可以是打开的或关闭的，呈现不同的两种状态。下面是绘制"与门"的一种方法。

这里，**A** 和 **B** 被称为输入，**Y** 被称为输出。如果 **A** 为真，并且 **B** 为真，则输出 **Y** 也为真；就好像中间的符号是一个门，只有当 **A** 和 **B** 都为真时门才会打开。但是，如果 **A** 和 **B** 都是假的，那么门将保持关闭状态，此时 **Y** 也将是假的。用文字来描述逻辑门显得有点笨拙，而列出真值表则要清晰明朗得多。右侧表中列出了一个逻辑门所有可能的输入，并显示了相应的输出。此表为"与门"的真值表。

输入 A	输入 B	输出 Y
假	假	假
假	真	假
真	假	假
真	真	真

数字形式的"与门"真值表为：

输入 A	输入 B	输出 Y
0	0	0
0	1	0
1	0	0
1	1	1

得益于约翰·维恩的工作——1881 年，他发明了以他的名字命名的用图形展示集合运算的方法，"与"运算进而也可以用图形表示出来。或者，最为简洁的方式是直接用"∧"来表示"与"运算，如 **A ∧ B**。

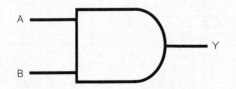

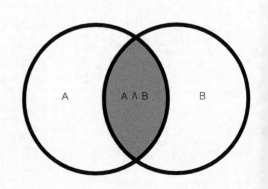

其他逻辑门

除了"与门"还有其他的逻辑门，包括"或门"与"非门"。"非"运算只有一种输入，其输出与输入恰好相反。如果输入的是"开"或者"真"或者"1"，则输出的为"关"或者"假"或者"0"，反之亦然。

"或门"的真值表如下：

输入 A	输入 B	输出 Y
0	0	0
0	1	1
1	0	1
1	1	1

"非门"的真值表如下：

输入	输出
0	1
1	0

布尔代数定义的其他逻辑门也分别有不同的表示符号。

计算机科学

由于在数学领域上取得重大突破，布尔于 1849 年被任命为爱尔兰科克皇后学院的第一任数学教授，从而实现了他在大学学习数学的梦想。布尔提出的布尔代数对计算机的发展起到了至关重要的作用，而计算机也正好实现了他想要的，即运用数学进行逻辑推理。在布尔生活的时代，计算机已经由查尔斯·巴比奇在 18 世纪 20 年代设计产生。巴比奇的差析机是一种机械式计算机器，由蒸汽驱动，采用最普通的十进制计数法（后巴比奇对设计进行了更新，称为"分析机"）。但巴比奇的设计制造对计算机的发展并没有推进多少。巴比奇自己只把他的计算机看成一台数字计算机器，但是为分析机编写算法的——他的朋友兼同事勒芙蕾丝伯爵夫人埃达，十分看好这台机器，因为它能够处理各种数据。埃达还进一步预言了设计通用计算机的可能。

可编程设备

其实在更早些时候，世界上第一台运用二进制计数制所设计的计算机器已经出现。1801 年，约瑟夫·玛丽·雅卡尔完成了自动提花织布机的设计制作，采用一套穿孔卡片系统来控制织布机上的编织针编织图案。卡片上的小孔引导彩色丝线穿梭织图。卡片上每一个有孔的点表示数字 1，其他没有孔的点表示数字 0。巴比奇的分析机也使用打孔卡来控制机器的运行，勒

对页图：当电子三极管中的开关打开时，电路被切断，无电流流动；但是当开关闭合，灯丝接通时，电子三极管中的气体被加热，产生离子。这些离子使在电网和阳极之间流动的气体导电。

真空管

智能计算机发展中真正重大的突破在于 1906 年李·德·福里斯特发明的电子三极管。电子三极管是最早的电子设备之一，

左上图：带穿孔卡片系统的雅卡尔织布机。

右图：电子三极管

下图：李·德·福里斯特

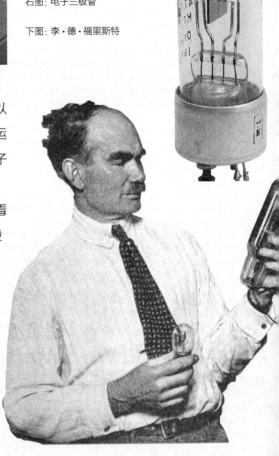

芙蕾丝伯爵夫人埃达曾指出："我们可以非常恰当地说，分析机'编织'的代数运算模式，与雅卡尔织布机编织花朵与叶子的原理是完全相同的。"

回顾过去的发展历程，我们很容易看出，机械系统总是很难实现如人类大脑般的"自动"思考。直到 1886 年，逻辑学家查尔斯·桑德斯·皮尔斯提出了一个完全不同的思路：逻辑运算可以用电子开关完成。世界上首台可正常运行、自由编程的数字计算机正是运用的电子开关，也就是 Z3 计算机，由康拉德·楚泽于 1941 年研制成功。

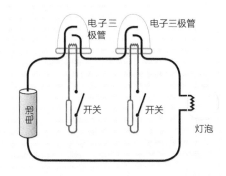 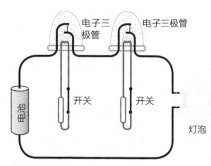

它实际上是一个门，根据需要打开或关闭以允许或阻塞电流流通。一个电子"与门"是由两个电子三极管构成的。当其中一个或两个开关都断开时，电路周围没有电流可以流过；当两个开关都闭合时，这些灯丝就会加热，并在电子三极管中产生离子。这就使得电流可以在两个电子三极管中流通，从而环绕整个电路，点亮灯泡。这两个开关即为这个"与门"的两个输入，灯泡是否被点亮即是输出。

信息处理

自 **1942** 年开始，许多电子数字计算机都是用电子三极管制造的。**1948** 年，克劳德·香农写了一篇论文，详细阐述了信息的定义，怎样量化信息，怎样更好地对信息进行编码，进而如何以最好的方式应用数学来表示和处理各种信息数据。此文奠定了信息论的基础，极大地引导了计算机的智能化发展。今时今日，计算机的功能不断升级，不再单单是数字计算。

▶ 芝诺悖论、罗素与哥德尔，第 166 页

Minivac 601 是最早的个人电脑之一，由克劳德·香农在 1961 年设计制造。

抽象代数

　　一部代数学的发展史就是抽象再抽象的过程，而最重要的进步是丢番图和韦达引入的符号化语言。随着抽象代数在 19 世纪晚期和 20 世纪初期成形，这门抽象的学科走得更加深远。到如今，抽象代数很可能是数学领域中最重要的分支。

　　代数的威力在于抽象。越是把代数从量化的实在现象中解放出来越好，因为这样代数就可以适用于更广泛的问题，包括经济学、工程学和量子物理学等。

　　把两块特定的土地的面积加起来，方程 $3^2 + 4^2 = 5^2$ 或许有用，但是在其他好多情况下，它就没那么有用了，而且就这个特定求和式的任何新发现也不可能那么令人兴奋。抽象的表达式 $a^2 + b^2 = c^2$ 就很有用了，而且关于它的新发现也会很有趣。而后，方程 $a^n + b^n = c^n$ 达到了抽象的新高度，对它的研究不仅引出了对费马大定理的证明（参见第 **98** 页），而且在此过程中也一并发展出了数学中功能强大的新

所有数学学科（包括代数）都起源于度量现实事物的需求。抽象代数却是研究数学的结构。

领域。

新领域的新名词

　　对方程 $a^n + b^n = c^n$ 的新发现当然是一个重要突破，可要是我们能更深入下去会怎样？如果我们对加法或幂运算（指数运

算）的概念有新发现呢？这种发现会带来整个数学的革命，至今只有为数不多的数学家曾斩获这样的结果。

但是，我们在谈论这个抽象层次时还是会遇到问题。在上文最后那个方程里的字母 *a*、*b*、*c* 和 *n* 都代表数，但我们若要进入更深的层次，那就意味着需要一门新的语言，其术语远不止为了表达数。这门新语言的一部分由代数结构组成（参见第 **160** 页）。

抽象化的威力

抽象代数中引入的所有新术语使它感觉起来比实际上要复杂得多，一个突出的原因就是，这门学科的大多数介绍一开始就使用长篇幅的严密定义来刻画一大堆所涉及的概念和结构。但是通过实例，往往反而可以非常简单地掌握这门学科。

代数学越来越抽象，使其在其他学科的研究中也越来越有用。二次方程等多项式可应用于工程学、经济学、物理学等领域，可是它和抽象代数的威力比起来则不值一提。随着诺特定理引发了人们对自然法则的全新见解（参见第 **162** 页），在宇宙学和弦理论之类的领域，探索钻研的对象成了数学结构本身！人们用群论预测了奥米伽负粒子和希格斯玻色子（参见第 **145** 页）的存在。

埃米·诺特可能是数学家中最大的无名英雄，她的数学理论推动了粒子物理学领域中很多内容的发展（从 20 世纪初到现在）。

一门新数学学科的诞生

柯西得出了群论里一些最早期的观点，但是真正展示群论威力的人是伽罗瓦。

不过，就像牛顿发明了微积分是因为他需要一种工具来考察物体的运动，伽罗瓦发展出群论主要是为了考察这样的问题：五次方程是否可解，如果不可解的话，那它不可求解的原因是什么（参见第 **140** 页）。

如今，抽象代数的创立者被认为是埃米·诺特，她被认为是最最伟大的女数学家。尤其是她展现了数学中环结构的巨大威力。

遭受排挤

诺特发现，作为女性既很难接受良好的教育，又很难找到带薪研究数学的职位，她的生活只能在艰辛中度过。另外，作为生活在 20 世纪 30 年代的德国的犹太人，纳粹势力盛起，反犹暴行猛增，她被迫逃亡美国。

在余生里，她常常遭到轻视，部分原因是她对于社会习俗无甚兴趣——她穿着随意，秉心直言，没工夫装淑女。不过，很可能因为她只在乎 3 件事——家庭、数学和她的学生，所以她实际上应该是一个很幸福的人，况且她的很多学生都继而成为 20 世纪最伟大的数学家。

帮助爱因斯坦

诺特从对纯数学的研究中歇口气的时候，迎来了可能是她最伟大的突破。1915 年，爱因斯坦竭力要建立他的广义相对论，并向诺特寻求帮助。

那时候，爱因斯坦正努力确定能量在时空中的表现，诺特的确能够搭把手，她凭着经验开始思考这个问题。大多数数学家都有把问题一般化的渴望，这是他们的特质，诺特也不例外。她创立并证明了数学物理上可能最广义、最强大的定理：守

代数结构

无论是深入钻研数学的基本奥秘，还是应用数学技术来解决科学问题，群论都是非常强有力的工具。要构建一个群需要两方面的信息。

1. 群所处理的数、形或者对象。

2. 作用在这些数、形或者对象上的运算。

所以，将加法作用在整数上面，整数就构成一个群。这个群通常称为"加法作用的整数群"，符号记作 Z+，而且它是一个无限群。

这里论及的运算必须是刚好作用在两个数、形或者类似对象上的。因为求平均值可以一次对许多数运算，所以"求平均值"不是一个可以定义群的运算。作用在两个数上的运算称为二元运算。

群元素的数（或者类似对象）也可以是一个域的成员，所以我们可能会提及"有理数域"。三角形的旋转构成一个群，称为"等边三角形的旋转群"，这是一个有限群。

群可以有子群：等边三角形旋转群（具有 3 个元素）是等边三角形对称群的一个子群。等边三角形对称群还包含镜像映射元素，共有 6 个元素。

描述三角形等多边形的对称性的群，称为二面体群。等边三角形的对称群用

数学上称为 E8 的群是一个 248 维对象的图像投影。

数。但是"除法作用下的整数集合"就不是一个群，例如 **1/2=0.5**，而 **0.5** 不是整数。

环结构和群结构很像，不同之处在于，环结构包含像加法和乘法一样的两种二元运算（环结构里并没有什么特别像环状的东西，不清楚它们为什么叫这个名字）。跟四元数差不多，最初发明环结构是为了探究数学本身，但是现在对大量计算机应用来说，环结构是基本必需的，其中包括互联网信息传送的编码系统。

符号记作 **D6**，其中字母 **D** 代表"二面体的"，数字 **6** 代表群的元素个数（群的阶）。

如果一个群不能分解成更小的群，那么这个群称为单群。群的一个本质要求就是运算结果只允许是它的群元素。举个例子，"加法作用的整数群"是一个群，因为任何两个整数加起来总是另一个整

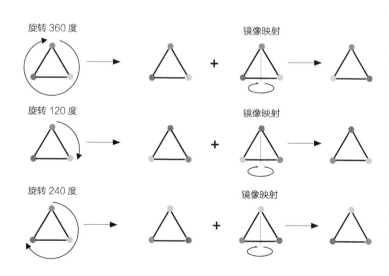

等边三角形的对称群。

甚至连诺特寄给朋友的明信片上都写着数学论述。

恒律对应于自然的对称性，反之亦然。

守恒

　　物理上称有些量是守恒量，也就是说，这些量虽然可以改变形式，但永远不会被消除。能量就是个例子。太阳里的核能转化成光能和热能。植物吸收光能，以化学能的形式将之存储起来。人类食用并消化植物，释放其中的能量，通过消耗能量来运动，也就是说化学能转化成了机械能。由于机械能转化成热能，所以运动使身体和环境发热。但是，这个过程最终的热能总量与开始时的核能总量精确地相等。动量也是守恒的。如果一个物体从后方撞击另一个物体，那么前一个物体会减速（丢失动量）而后一个物体会加速（获得动量）。

　　人们称之为守恒律，这是世界上最根本的自然法则。守恒律的发现是物理学的巨大成功。不过，跟先前关于数学的提问一样，我们同样可以问：还能更进一步

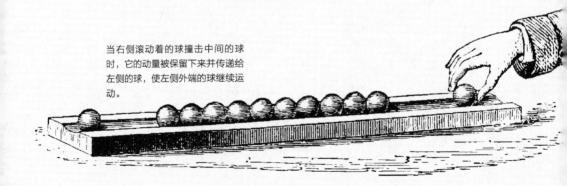

当右侧滚动着的球撞击中间的球时，它的动量被保留下来并传递给左侧的球，使左侧外端的球继续运动。

工作原理

物体的动量是它保持运动的趋势。如果你接住一个扔向你的球，就能感受到这种效力：得费些力来抵挡球体继续前行的趋势。球越重，它就越难停下来，这说明物体的动量和质量成正比（动量 ∝ 质量）。动量还取决于速度，球运动得越快，它就越难停下来（动量 ∝ 速度）。决定动量的就只有这两个因素，所以可以断定动量 = mv。

通常情况下，人们比较容易理解动量守恒。在你接住球的瞬间，动量就转移到手上去了。有些动量使整只手后退一点，而有些动量传递到手中的分子上去了，使分子的运动加速——如果球足够猛地击中手，那么你就会感到手有点发热。（要是没有动量的话，像棒球之类的运动就毫无趣味。）

不过，在有些情形下好像动量不守恒。比如丢出一个球，随着球体坠落，它的速度将越来越快，动量也快速增大。这种现象可以这样解释，球体实际上是包含整个地球的一个更大的系统的一部分，球体和地球作为整体的动量是保持不变的。这和接球的观点是一样的——若是我们只考虑球而不考虑接球的手，那么球的动量看起来就好像消失了。尽管如此，我们怎么知道哪个物体是哪个系统的一部分？奥秘就在于对称性。时刻记住，一种对称性就是一种变换，它使系统在变换结束时看上去跟没变一样。这样我们再来审视那个球，对它作一次变换。不妨改变它的位置。想象那个球远远地悬在外太空，纹丝不动。我们不想让这个球动起来，不然就会赋予它动量了，所以在距它几千米远的地方搁另外一个同样的球。两个球都不动，动量也相等。这样就是一个与位置相关的对称性的例子。再取一个一样的球，不过要搁在地球表面往上 100000 千米的地方。这一次，球体一经释放就开始动起来，朝地球慢慢漂移。如果还取一个一样的球搁在地表以上 1000 千米的地方，那么球体也会动起来，不过这次要快得多。因此，这就没有对称性了。

原因在于，具有巨大质量的物体，其附近的空间和远离它的空间是不同的。靠近巨大质量的物体时，空间是扭曲的、非对称的，那块空间中的任何部分的动量并不守恒。只有把整个区域都考虑进来，包括巨大的质量体本身和它周围好几百万千米范围内的空间，动量守恒才成立。

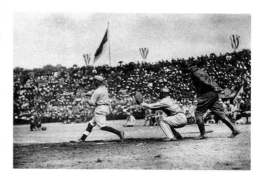

破缺的对称性

一块磁铁在两端有相反的极，所以磁铁不是对称的物体。如果你把两块磁铁并排放一起，使它们的北极相向，那么它们会互相排斥。可要是你把其中一块转一下方向，使它们一块的南极向着另一块的北极，那么它们两者之间就会有吸引力。这个变化导致了和刚开始完全不同的状态，所以它就不是一个具有对称性的例子。

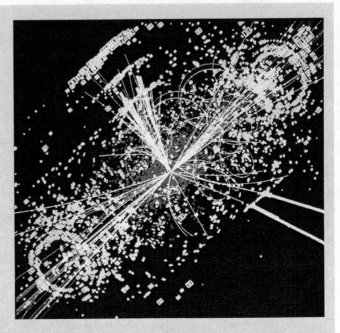

早期宇宙被刻画成夸克-胶子等离子体，上图是在粒子加速器内重塑并成像的。

尽管如此，如果你对磁铁充分加热（超过已知为"居里点"的温度），磁铁的磁性就会消失。到那时，磁铁将没有磁极，而转动它们也不会改变相互之间的关系。所以，这会儿就多出来一种对称性，这是先前所没有的。但是，磁性不会永久消失。等磁铁的温度降下来后，磁铁可以重新被磁化。降温后磁铁再磁化就是对称性破缺的一个例子。

宇宙早期，刚刚发生大爆炸之后，温度奇高，人们认为磁性不起作用。更不寻常的是，引力和自然界中其他的基本作用力（电磁力、强作用力和弱作用力）也都无效。在温度足够高的情况下没法区分这 4 种基本作用力。可一想到引力和电磁力有着天壤之别，这种基本作用力趋同的现象真是太神奇了！引力对物体在所有方向上的作用是相同的。磁力只对金属等几种物体有显著影响，它可以是吸引力，也可以是排斥力。磁力和电力相结合，给人类带来了发动机、发电机、风电场、无线电波等，这些都不是引力带来的。

借助数学，人们可以研究最早期的宇宙，那时候温度奇高无比，高到我们在实验室里根本无法操控这样的温度。

爱因斯坦的相对论刻画了空间和时间是如何被能量扭曲的。他的理论以光速不变（"绝对的"）为基础，所以空间和时间一定是可变的（"相对的"）。

吗？能解释为什么有些量守恒而有些量
（比如光、水、声音）不守恒吗？

幸亏有了诺特，这些问题才能被回答。
她的定理不仅自身很有用，也被常规地应
用于从工程学到宇宙学等诸多科学领域，
而且她的方法和其他群论学家的方法一起
衍生出了威力巨大的新途径来观察物理学
基本领域。特别是，研究宇宙起源或物质
本质的物理学家大量使用"破缺对称性"
这个概念。

参见:
▶ 寻找最大值，第 86 页
▶ 群论，第 140 页

芝诺悖论、罗素 与哥德尔

数学史上经历了 3 次大危机，而数学家们用了 3 种完全不同的方式予以化解。

数学史上的第一次危机，也是最重要的一次，是关于无理数的发现，发生在大约公元前 530 年（参见第 30 页）。这一事件改变了数学的整个发展历程，使数学家们关注的焦点从代数学转移到了几何学上，并延续了数代之久。无理数在被发现几个世纪之后才为数学界所接受。第二次数学危机几乎撼动了微积分理论的根基。无穷小量近似于 0 却并不是 0，这个概念在最初让数学家们极其不适，但是他们发现无

穷小量在微积分理论中非常有用，进而大家忽视这两个概念的差异而开始混淆着使用。但是，随着数学研究的深入，微积分理论被广为重视，人们对无穷小量和 0 的差异方面的困惑慢慢转变成了质疑，相互之间甚至开始发动辩论与言语攻击。其中以哲学家乔治·伯克利大主教为代表。他总结了两个概念之间的诸多差异，多用诙谐的语言描述无穷小量，成功地让数学家们意识到了问题的严峻性。比如，他称无穷小量为"逝去量的幽灵"。无穷小量可以被看作把一个数（的绝对值）越变越小的最终结果。但是这个过程最终会发生什么呢？

芝诺（出生于意大利半岛南部的埃利亚）用数学悖论与对手争论以阻挠他们进入。

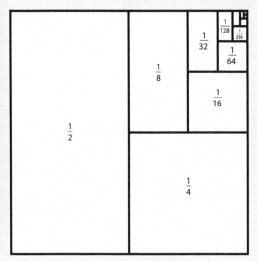

这个正方形（理论上）可以被分割为无限多个小正方形，但是现实中并无法操作。

阿喀琉斯与乌龟

古希腊数学家、哲学家芝诺最早意识到这种无穷过程的重要性。他与人辩论，以解释为何一个善跑的健将（如古希腊英雄阿喀琉斯）跑不赢一个行动缓慢的生物（如乌龟），只要乌龟的起跑线略微领先。不妨设阿喀琉斯需要半秒钟的时间到达乌龟出发的位置。而在这半秒钟的时间里，乌龟已经又往前移动了一小段距离。可能这个距离阿喀琉斯只需要四分之一秒就能追上。但是在这四分之一秒的时间里，乌龟又向前挪动了一小段距离。阿喀琉斯需要再用八分之一秒的时间去

追上这一段距离。这个过程看似永无尽头，也就是说阿喀琉斯永远无法追上乌龟。

有一种理论为古希腊人所接受，他们认为万物是由一些不可分割的原子组成的（"原子"一词的本义即为不可分割的）。如果这个理论为真，那么阿喀琉斯将到达一个位置，在那里，他再也不能走一半的距离了，而是（可能）可以越过这个位置。

无穷的困境

对数学家来说，数集（数的集合）中也有类似的问题。再以开普勒的酒桶问题为例（参见第 86 页）。除了无聊或没有空闲，人们似乎没有理由不去追寻这些无限的过程，进而离结果越来越近。在酒桶问题中，酒桶可以被看作由无限多个微小的部分构成。但此时我们又一次面临一个类似于芝诺悖论的问题。如果真有无限多个非常微小的部分，那么它们到底有多小呢？比如每一个小球的体积为万亿分之一

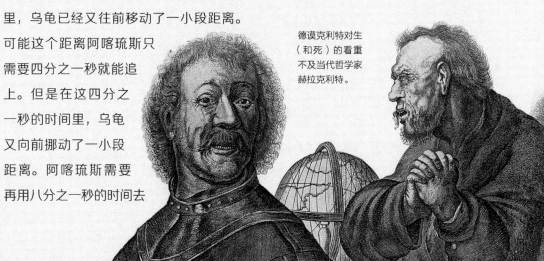

德谟克利特对生（和死）的看重不及当代哲学家赫拉克利特。

的万亿分之一立方厘米，那么无限多个这样的部分累加起来就是无穷大的体积〔无穷大×任意（非零）量＝无穷大〕。如果每个小球的体积为 0，那么无限个小球的总体积也只能是 0（0+0+…=0）。因此，既然小球的个数必然是无穷多个（若有限个小球即能填满酒桶，与现实不符），每一个小球的体积不能固定一致，又不能全为 0，那么该是怎样的体积分布呢？

极限过程

即使我们可以用原子的不可分割性阐述阿喀琉斯最终能够超越乌龟，但这仍然对数的集合中相关问题的讨论无任何帮助。我们面临的问题是：能否合理地定义无穷小量，使我们能够更准确地理解上述无限过程？或者，换一种思路，如果我们无法合理定义无穷小量，那么能不能把微积分理论建立在有限的过程上？这个问题一直困扰了数学家们多年，最终，基本被奥古斯丁·路易斯·柯西解决了。首先，他定义了极限运算，即"当一列数随着位序的变化如变量般以某种方式无限地接近某一个常数，使得数列与这个常数之间的距离想要多小就能通过增加位序达到多小时，那么这个常数就称为该数列的极限"。然后，他定义无穷小量为：一个变量，以不确定的方式（绝对值）减小，最后收敛

$$\lim_{x \to \infty} \frac{1}{x} = 0$$

$$\lim_{x \to 0^+} \frac{1}{x} = \infty$$

极限符号是用以描述从有到无，或从无到任意结果的数学运算符号。

到极限 0。

以这种极限的语言，柯西有效地规避了困扰大家的难题："如果你压缩一个物体直到无法再小，此时将得到什么呢？"柯西简单回复："你想要多小，就把它压缩到多小。"或者，换言之，我们可以认为柯西把"无限小"这个概念换成了"想要多小就多小"。

第三次数学危机

第三次数学危机发生在 20 世纪 30 年代初期。那时，数学家们已经逐渐意识到，事实上，早期数学家的许多证明并不像他们所认为的那样准确，此时的数学家们开始有一种共识，数学应该建立在绝对准确的理论基础之上。其中，两位特别热衷于这个想法的数学家是大卫·希尔伯

特（于 1900 年提出 23 个悬而未决的数学问题，供 20 世纪的数学家们研究与攻克）和哲学家、数学家伯特兰·罗素。罗素认为，所有数学问题都可以划归为逻辑问题，并由逻辑推演出来。他与同事阿尔弗雷德·怀特海德共同编著了一部 3 卷本巨著，并期望其在数学上的贡献可比拟艾萨克·牛顿的《自然哲学的数学原理》（拉丁名为 *Philosophiæ Naturalis Principia Mathematica*）之于物理。此书也有一个类似的书名——《数学原理》（拉丁名为 *Principia Mathematica*）。

悖论

作为一位哲学家，罗素非常清楚悖论的存在。这些论证乍一看似乎很明智，但实际上毫无意义。下面是一个例子：

下一句话是正确的。

上一句话是错误的。

问题是，这两个句子中哪一句是正确的呢？如果第一个是正确的，那么依它所言，下一句话为真，也就是说，第二句话肯定是对的。第二句话说上一句话是错误的，既然第二句话为真，就意味着第一句话肯定是假的。所以，第一句话应该改为"下一句话是错误的"。但这就意味着第二句话应该改为"上一句话是正确的。"……然后回到我们开始的论证，形成了一个逻辑循环，不断往复。有很多这样的例子，即使是如下一个简单的句子：

这句话是错误的。

它也自成一句悖论，当我们努力辩论此话的真假时就会发现。如果认定此话为真，那么这句话是错误的，即此话为假，前后矛盾。所以，我们只能认定它为假，即这句话是正确的，所以此话为真，又得矛盾……

从荒诞中探求真理

现在，很可能所有这些都表明一件事——语言是一个有趣的东西，但又不太科学，你甚至可以把它变得毫无意义。但是，谁说语言必须是科学的呢？例如，诗

伯特兰·罗素是一位伟大的哲学家、数学家和世界和平运动的倡导者和组织者。

$*54\cdot42.$ $\vdash :. \alpha \epsilon 2 . \supset :. \beta \subset \alpha . \exists ! \beta . \beta \neq \alpha . = . \beta \epsilon \iota`` \alpha$

Dem.

$\vdash . *54\cdot4 . \supset \vdash :: \alpha = \iota`x \cup \iota`y . \supset :.$

$\qquad \beta \subset \alpha . \exists ! \beta . = : \beta = \Lambda . \vee . \beta = \iota`x . \vee . \beta = \iota`y . \vee . \beta = \alpha : \exists ! \beta :$

$[*24\cdot53\cdot56.*51\cdot161] \qquad \equiv : \beta = \iota`x . \vee . \beta = \iota`y . \vee . \beta = \alpha \qquad (1)$

$\vdash . *54\cdot25 . \text{Transp} . *52\cdot22 . \supset \vdash : x \neq y . \supset : \iota`x \cup \iota`y \neq \iota`x . \iota`x \cup \iota`y \neq \iota`y :$

$[*13\cdot12] \qquad \supset \vdash :: \alpha = \iota`x \cup \iota`y . x \neq y . \supset . \alpha \neq \iota`x . \alpha \neq \iota`y \qquad (2)$

$\vdash . (1) . (2) . \supset \vdash :: \alpha = \iota`x \cup \iota`y . x \neq y . \supset :.$

$\qquad \beta \subset \alpha . \exists ! \beta . \beta \neq \alpha . = : \beta = \iota`x . \vee . \beta = \iota`y :$

$[*51\cdot235] \qquad \equiv : (\exists z) . z \epsilon \alpha . \beta = \iota`z :$

$[*37\cdot6] \qquad \equiv : \beta \epsilon \iota`` \alpha \qquad (3)$

$\vdash . (3) . *11\cdot11\cdot35 . *54\cdot101 . \supset \vdash . \text{Prop}$

$*54\cdot43.$ $\vdash :. \alpha, \beta \epsilon 1 . \supset : \alpha \cap \beta = \Lambda . \equiv . \alpha \cup \beta \epsilon 2$

Dem.

$\vdash . *54\cdot26 . \supset \vdash :. \alpha = \iota`x . \beta = \iota`y . \supset : \alpha \cup \beta \epsilon 2 . \equiv . x \neq y .$

$[*51\cdot231] \qquad \equiv . \iota`x \cap \iota`y = \Lambda .$

$[*13\cdot12] \qquad \equiv . \alpha \cap \beta = \Lambda \qquad (1)$

$\vdash . (1) . *11\cdot11\cdot35 . \supset$

$\qquad \vdash : (\exists x, y) . \alpha = \iota`x . \beta = \iota`y . \supset : \alpha \cup \beta \epsilon 2 . \equiv . \alpha \cap \beta = \Lambda \qquad (2)$

$\vdash . (2) . *11\cdot54 . *52\cdot1 . \supset \vdash . \text{Prop}$

From this proposition it will follow, when arithmetical addition has been defined, that $1 + 1 = 2$.

$*54\cdot44.$ $\vdash :. z, w \epsilon \iota`x \cup \iota`y . \supset_{z,w} . \phi(z, w) : \equiv . \phi(x, x) . \phi(x, y) . \phi(y, x) . \phi(y, y)$

Dem.

$\vdash . *51\cdot234 . *11\cdot62 . \supset \vdash :. z, w \epsilon \iota`x \cup \iota`y . \supset_{z,w} . \phi(z, w) : \equiv :$

$\qquad z \epsilon \iota`x \cup \iota`y . \supset_z . \phi(z, x) . \phi(z, y) :$

$[*51\cdot234 . *10\cdot29] \equiv : \phi(x, x) . \phi(x, y) . \phi(y, x) . \phi(y, y) :. \supset \vdash . \text{Prop}$

$*54\cdot441.$ $\vdash :. z, w \epsilon \iota`x \cup \iota`y . z \neq w . \supset_{z,w} . \phi(z, w) : \equiv . x = y . \vee : \phi(x, y) . \phi(y, x)$

Dem.

$\vdash . *54\cdot6 . \supset \vdash :: z, w \epsilon \iota`x \cup \iota`y . z \neq w . \supset_{z,w} . \phi(z, w) : \equiv :.$

$\qquad z, w \epsilon \iota`x \cup \iota`y . \supset_{z,w} : z = w . \vee . \phi(z, w) :$

$[*54\cdot44] \qquad \equiv : x = x . \vee . \phi(x, x) : x = y . \vee . \phi(x, y) :$

$\qquad y = x . \vee . \phi(y, x) : y = y . \vee . \phi(y, y) :$

$[*13\cdot15] \qquad \equiv : x = y . \vee . \phi(x, y) : y = x . \vee . \phi(y, x) :$

$[*13\cdot16 . *4\cdot41] \equiv : x = y . \vee . \phi(x, y) . \phi(y, x)$

This proposition is used in $*163\cdot42$, in the theory of relations of mutually exclusive relations.

歌以一种非科学的方式使用语言，并使语言变得如此美好。不过，对罗素和他的同事们来说，问题在于，这种悖论似乎也适用于他们正在做的工作（参见左侧方框）。正是出于这个原因，罗素和怀特海德决定写出他们的巨著《数学原理》，以确保数学再无漏洞，不会出现这些他们关注的悖论。

希望彻底破灭

直到 1931 年，25 岁的德国数学家库尔特·哥德尔解决了上述关于数学悖论的问题，但并不是以一种让所有人都满意的方式。哥德尔定理分析了一般的"形式系统"，也包括数学，看看其中是否存在悖论；如果存在悖

上图：罗素在其名著《数学原理》中用了 379 页的篇幅证明"1+1=2"。

右图：阿尔伯特·爱因斯坦为库尔特·哥德尔（右二）颁奖。

数学悖论

虽然数学中广为运用集合的概念，但是"集合"这个词并没有精确的定义，它只是指把某类东西放在一起。所以，所有整数可以构成一个集合，所有行星可以构成一个集合，图书馆里的书也可以。罗素所担心的问题就涉及集合的概念。

1. 大多数集合不能作为它自身的一个元素。比如，一组船并不是一艘船，一个数集也并不是一个数。**2.** 但有些集合是它自身的一个元素。比如，所有数学思想构成的集合是它自身的一个元素，以字母 **s** 开头的单词构成的集合是它自身的一个元素，由所有集合构成的集合也以其自身作为一个元素。**3.** 既然我们可以用任何事物构造一个集合，那么让我们定义一个新的集合——由不属于它自己的所有集合构成。所以，这个集合含有刚才提到的船的集合和数字的集合，但是不含由所有数学思想构成的集合，以所有集合为元素的集合，或者以 s 开头的单词构成的集合。**4.** 那么，这个新的集合是自身的一个元素吗？**5.** 若是，那么它就不能成为"不属于它自己的所有集合构成的新集合"的一个元素。因此它不是自身的一个元素。**6.** 若不是，那么它必须是"不属于它自己的所有集合构成的新集合"的一个元素。因此由新集合的定义，它是自身的一个元素。

这里有一个简单些的例子。在一个小村庄里，有个叫乔的理发师。村子里大多数男人都自己刮胡子，但有些人更喜欢去找乔，他会帮他们刮胡子。事实上，他给村里所有不给自己刮胡子的人刮胡子。有一天，乔听说村子里又有个理发师要来，他很担心。乔去了村委会，说服村委会通过一项法规，只允许乔给大家刮胡子。不过，还是有人对此表示担心——委员会担心乔可能会试图通过法规，来强制那些已经给自己刮过胡子的人再去找他刮胡子，以赚取外快。或者，乔可能会故意大幅抬高价格，乔的顾客还不能去别的理发店。最终，村委会如乔所愿，出台了一项法规。乔正式成为村里唯一的理发师。但法规的措辞非常谨慎，要求："乔必须为村里每一个不给自己刮胡子的人刮胡子（其余人被称为'自我剃须者'），但是乔不能刮自己的胡子，任何违反这条法律的人都将被处以罚款。"

乔再也不担心自己的生意了，很高兴，但是第二天早上他就懂了。他像往常一样去浴室，拿起剃须刀，然后……停了下来。想到，如果他刮了胡子，那么很明显他是个"自我剃须者"，依照法规，乔不能刮自己的胡子，否则将处以罚款。乔又放下了他的剃刀。也许他会留胡子。那么，他肯定不是个"自我剃须者"。但后来他又想起了法规——乔必须给每个不会自我剃须的人刮胡子。他又拿起了剃刀……

哥德尔的思想引导了强大的解码机"Bombe"的设计制造，该机器在二战中被用于破译德军的加密电报。

论，那又意味着什么。他证明了数学中确实存在悖论，这对数学来说，具有毁灭性的意义。

下面我们回到前面的例子："这个句子是错误的。"我们可以发现，这个句子在描述其本身的情形（称为"自我指涉性"）。自我指涉性正是罗素千辛万苦、绞尽脑汁，以期在集合论中规避的。而哥德尔所做的是探索自我指涉的句子的意味，比如：

陈述句 s："陈述句 s 不能被证明。"

这看起来确实是个奇怪的说法，但是没有一位数学家需要为之担心，因为这和数学没有任何关系。但是，如果把它改写成一个关于数学的陈述句呢？哥德尔下一步做的就是这个。当然，这中间的细节很复杂，但基本思想就是把上述陈述句中的每一部分都转换成数字。这有点像求和式"2+2=4"，然后为"+"和"="也赋值（称为哥德尔数）。所以，我们可能会得到形如 2662994 这样的数字。

罗素和其他数学家已经发明了代表"已证明""陈述"和"不能"等词语的符号，所以哥德尔的任务并不像看起来那么困难。事实上，他的证明中运用的关键性原理与罗素写的《数学原理》中的一致。因此，哥德尔最终得到的冗长的数字串是严格按照数学规则制定的。这正如"2+2=4"一样数学化。当然，这并不意味着它一定正确，比如，"2+2=5"也是一个数学陈述，只是碰巧是一个错误的陈述而已。

真假判定

假设之前的"陈述句 s：'陈述句 s 不能被证明'"的哥德尔数是 123456789。那么，123456789 是个真命题吗？不妨先假设它是。如果是这样，那么就像它自己说的那样，它不能被证明。于是，我们有了一个无法证明的数学陈述的例子。这本身就是一个大问题，因为哥德尔能够证明，只要存在一个这样的命题，就意味着可能存在无数个类似的其他命题。那么，许多数学家呕心沥血试图证明未知的数学猜测的努力可能只是在浪费时间——也许费马大定理是正确的，但是无法被证明。（译者注：当然，费马大定理已于 **1995** 年被英国数学家安德鲁·怀尔斯彻底证明。）

但也许一切并不如此悲观。我们可以否定之前的假设，也许 **123456789** 是个假命题。但是，我们再看看句子陈述写了什么内容：陈述句 **s** 不能被证明。如果这是一个错误的陈述，那么这意味着陈述句 **s** 可以被证明。在这种情况下，我们找到了证明错误命题的方法。同样，哥德尔证明了如果这个本身错误但可以被证明的陈述句存在的话，那么还可以有无数多个类似的其他陈述。这意味着我们得到了一个更糟糕的结论！也许被许多数学家作为基础理论的、已经被证明了的定理和公式，实际上都是错误的。

哥德尔并没有就此打住。他继续证明了任何数学体系都不可避免地允许构造一些陈述，这些陈述尽管很容易理解，但既非真，亦非假，也非无意义。更重要的是，他进一步证明了这些陈述的真假性可能无法判别——

它们不一定像陈述句 **s** 那样是自我指涉的。数学家们一下子陷入绝境。他们要么必须承认存在一些命题既非真亦非假（在这种情况下，数学被认为是不完备的），要么必须说这些命题既是真的又是假的（在这种情况下，数学被认为是不一致的）。这对数学而言是毁灭性的打击。罗素的计划彻底失败了——他不仅没能证明数学没有悖论，而且现在数学还被证明了充满漏洞。没有人能从哥德尔的发现中为数学再谋一条新的出路。事实上，有几个貌似很有希望的命题也是无法被证明的。从此，数学再不是（也永远不可能是）大多数早期数学家所认为的那么完美（完备而无矛盾）的。

参见：
▶ 数理逻辑，第 152 页

艾伦·图灵设想了一种机器（图灵机）来研究哥德尔不完全性定理后续的问题（哪些问题是可判定的，哪些问题是不可判定的），最后发明出了通用的计算机。

千禧年七问题

尽管哥德尔的不完全性定理给数学家们的希望与梦想蒙上了一层阴影，但由于教育的普及、信息共享途径的改善，以及数学在如生物学、医学和犯罪学等诸多学科中的广泛应用，数学得以在许多领域中飞跃发展。

2000 年，克雷国际数学研究所选取了下列 7 个千禧年数学难题，并对每破解一题的解答者奖励 100 万美元。这些问题涉及纯粹数学和应用数学中大多数最迷人的领域。但到目前为止，仅有一个难题得到破解。

黎曼猜想以德国著名数学家波恩哈德·黎曼的名字命名，是他于 1859 年提出的。

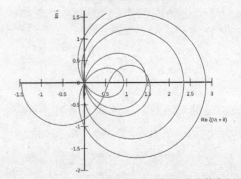

黎曼 zeta 函数是研究素数分布的一个重要工具。

杨振宁-米尔斯理论和质量缺口假设

研究领域：群论

考察对象：亚原子粒子的质量

黎曼猜想

研究领域：素数集

考察对象：素数序列的分布

P 对 NP 问题

研究领域：计算机科学

考察对象：如果我们能轻松地检验一个问题的解是否正确，那么我们是不是也能快速地完全解决这个问题？

纳维-斯托克斯方程

研究领域：微分方程

庞加莱猜想是观察空间维数至少是三维的物体的拓扑形状。

考察对象：纳维-斯托克斯方程解的存在性与光滑性

霍奇猜想

研究领域：代数方程与拓扑学

考察对象：如何将给定对象的形状通过把维数不断增加的简单几何营造块黏合在一起来形成

庞加莱猜想（已于 2002 年解决）

研究领域：几何学

考察对象：三维曲面

贝赫-斯维纳通-戴尔猜想

研究领域：数论

考察对象：方程解的存在性

其实，对千禧年七大难题的研究还只是数学领域众多研究课题中的一部分。这些研究中涉及最广泛、最基本并最具挑战性的是朗兰兹纲领。该纲领旨在将看似非常不同的数学领域联系起来，以便将针对一个领域中的问题所提出的解决方案应用于另一个领域中的问题。

也许数学家们是这些研究最为受益的人群之一，但是并不是只有专业人士在研究中实现了突破。比如，许多人一直在研究如何用相同的二维多边形去铺满整个平面（密铺问题）。已知的方法中有 **4** 种竟是一位业余数学家，也是一位家庭主妇玛乔里·赖斯于 20 世纪 70 年代发现的。

今时今日，得益于强大的互联网，人们较之以前有更多更直接的方式接触数学。比如，视频分享网站上拥有丰富的数学题材视频，社交网络支持世界各地的数学工作者广泛交流。而对专业的数学家来说，也有展示和讨论最新研究成果的在线平台。

数学研究的春天已经到来，未来可期！吾辈当砥砺前行！

即使是超级计算机也需要用近乎无限的时间解决 NP（非多项式）难题。因此，对数学家们来说，是时候转换思路了。

微积分进阶

追随在第 110 页我们陈述的微积分理论发展史，这一章我们将介绍更高级的分析工具，使得这一理论更强大、高效。

二阶导数

导数运算是求变化率的问题，我们通常可以进行不止一次的求导运算。给定一个物体的运动轨迹公式，那么通过对此公式求导，得到位移的变化率（即速度）。如果继续求导，那么就可以得到该物体运动速度的变化率（即加速度）。

所以，设一个加速行驶的汽车在 t 时刻距离起点的位移是 $4t^2$ 厘米（t 表示时间，以秒为单位），那么，对此式一次求导可以得到运动速度，二次求导可以得到运动的加速度。

位移：$x = 4t^2$；

速度：$v = \dfrac{\mathrm{d}x}{\mathrm{d}t} = 8t$；

加速度：$a = \dfrac{\mathrm{d}v}{\mathrm{d}t} = 8$。

并不必须如上分两步求导，我们可以直接定义"二阶导数"，记号为 $\dfrac{\mathrm{d}^2 y}{\mathrm{d}x^2}$。

对函数 $y = ax^n$（其中 n 为不小于 2 的正数），二阶导数为 $\dfrac{\mathrm{d}^2 y}{\mathrm{d}x^2} = n(n-1)\,ax^{(n-2)}$。

偏导数

如果现在需要计算一个三维曲面上给定点的斜率，而不是二维曲线上的点，那么我们该如何操作呢？对于三维曲面，我们需要引入第三个变量 z。设曲面方程为 $z = -0.5x^2 + y^2$。

给定点的坐标为（42，46，1234）。如往常般，我们把问题具体明确化：三维曲面上给定点处的斜率可能有无限多个且取值不同，其实，三维曲面是由无限多条相互紧挨着的二维曲线延展而成的。不妨设这些曲线均平行于 y 轴。

当然，我们也可以把这些曲线看作均平行于 x 轴。给定点至少位于两条这样的曲线上，一条平行于 x 轴，另一条平行于 y 轴。并且每一条曲线在此点有不同的斜率。那么，我们怎样计算斜率呢？

最简单的解决方式不是对两个自变量 x 和 y 同时求导，而是择一求导。比如，先固定 y 值，把函数仅看作 x 的函数，对 x 求导（也可以先把 y 看作常数），得到一个斜率。然后固定 x 值，把函数对 y 求导，就得到另一个斜率。这种运算称为偏导运算，上述的两个偏导数我们分别记作 $\frac{\partial z}{\partial x}$ 和 $\frac{\partial z}{\partial y}$。

下面，运用幂函数求导公式，我们计算函数 $z = -0.5x^2 + y^2$ 的两个偏导数。

z 关于 x 的偏导数为 $\frac{\partial z}{\partial x} = -(2 \times 0.5)x = -x$。（注意在对 x 求导时，y^2 的导数为 0，就如同常数的导数一般）。类似地，z 关于 y 的偏导数为 $\frac{\partial z}{\partial y} = 2y$。

于是，曲面在点（**42**，**46**，**1234**）处沿着 x 轴正方向的斜率为 $-x$，即 **–42**；沿着 y 轴正方向的斜率为 $2y$，即 $2 \times 46 = 92$。

积分方法的优劣选择

对较为复杂的函数求积分，并不是简单地对求积分公式做一些换元。对一个可积函数来说，积分的方法多种多样，而且我们并不好去评判这些方法孰优孰劣。也就是说，做积分运算，可能需要一些经验、技巧和运气。

运用三角恒等式积分

根据公式表，我们可以积分（或求导）三角函数：

函数	积分	导数
$\sin\theta$	$-\cos\theta+c$	$\cos\theta$
$\cos\theta$	$\sin\theta+c$	$-\sin\theta$
$\tan\theta$	$-\ln(\cos\theta)+c$	$\sec^2\theta$

如果被积的三角函数其角度多了一个系数，如 $\sin(6\theta)$，则相应的（不定）积分需要除以这个系数，也就是说 $\int\sin(6\theta)\,d\theta = -1/6\cos(6\theta)+c$。基于这个观察，运用三角函数的诸多恒等式，如 $\sin(2x)=2\sin x\cos x$，我们常常能简化积分运算。比如，计算积分值 $\int_0^{\pi/4}2\sin x\cos x\,dx$。运用倍角公式 $\sin(2x) = 2\sin x\cos x$，我们只需要计算 $\int_0^{\pi/4}\sin(2x)\,dx$。由积分公式表可知，积分结果为 $[-\frac{1}{2}\cos(2x)+c]_0^{\pi/4}$，即为

$$-\frac{1}{2}\cos\left(2\times\frac{\pi}{4}\right)+c$$

$$-\left[-\frac{1}{2}\cos(2\times 0)+c\right]$$

$$= 0+\frac{1}{2}=\frac{1}{2}$$

三角代换法

此方法也需要用到三角函数的积分公式和三角恒等式。

下面我们来计算不定积分 $\int\frac{1}{\sqrt{9-x^2}}\,dx$。根号里面的表达式 $9 - x^2$ 与三角恒等式 $1-\sin^2\theta = \cos^2\theta$ 有相同的形式（"常数减去变量的平方"的形式）。

但是，我们需要把常数 **9** 换成常数 **1**。所以，可以把 x^2 换元为 $9\sin^2\theta$。换元后，原

积分 $\int \dfrac{1}{\sqrt{9-x^2}}\,dx$ 就等价为 $\int \dfrac{1}{\sqrt{9-9\sin^2\theta}}\,dx$。在往下积分之前，我们还需要把被积函数中的所有 x 都替换为 θ 的表达式。此处，即需要把 dx 换元。注意到，我们把 x^2 换元为 $9\sin^2\theta$，因此，x 必为 $3\sin\theta$。由求导公式，$\sin\theta$ 的导数为 $\cos\theta$（$3\sin\theta$ 的导数为 $3\cos\theta$）。于是，$\dfrac{dx}{d\theta}=3\cos\theta$。把 dx 换成 θ 的表达式，完成换元过程，我们最终得到 $dx=3\cos\theta d\theta$。带入积分式 $\int \dfrac{1}{\sqrt{9-9\sin^2\theta}}\,dx$ 得到 $\int \dfrac{3\cos\theta}{\sqrt{9-9\sin^2\theta}}\,d\theta$。下面，我们开始化简被积函数。首先，从分母的根号里提取公共系数 9，即 $\int \dfrac{3\cos\theta}{3\sqrt{1-\sin^2\theta}}\,d\theta$（$9$ 被提取出根号外之后变成 3）。分子、分母同时消去系数 3，得到 $\int \dfrac{\cos\theta}{\sqrt{1-\sin^2\theta}}\,d\theta$。现在，我们已通过换元和化简得到了式子 $1-\sin^2\theta$。根据三角恒等式 $1-\sin^2\theta=\cos^2\theta$，于是我们可以计算（不定）积分为

$$\int \frac{\cos\theta}{\sqrt{1-\sin^2\theta}}\,d\theta$$
$$=\int \frac{\cos\theta}{\sqrt{\cos^2\theta}}\,d\theta=\int \frac{\cos\theta}{\cos\theta}\,d\theta$$
$$=\int d\theta=\theta+c$$

最后，我们只需要把上述积分表达式中的 θ 再换回到 x，即完成积分计算。

回顾一下，我们做的换元是令 x 等于 $3\sin\theta$。所以，$\sin\theta=x/3$。于是，积分值 $\theta+c$ 就等于 $\arcsin(x/3)+c$，此即为最终解。

换元法

下面，我们以积分 $y=\int(x+3)^6 dx$ 的计算过程介绍换元法。

此题当然可以先通过分配率计算 $(x+3)^6$，然后对得到的多项式逐项积分，最后求和。但我们有更为简洁的积分方法。设 $(x+3)$ 为一个新的变量（常用记号 u）；换元后，求出关于新变量 u 的积分。

第一步：令 $u=x+3$；

第二步：把被积函数中的所有 $(x+3)$ 都替换为 u，则 $y=\int u^6 dx$；

第三步：计算微元 dx 在新变量 u 下的表达式。这可以通过把 u 与 x 的变换式两边求导得到。对 $u=x+3$ 两边求导，得到 $\dfrac{du}{dx}=1$，也就是 $dx=du$。

第四步：把新旧微元之间的关系 $dx=du$ 带入积分式，得到 $y=\int u^6 du$。

第五步：求积分，得

$$y=\int u^6 du=\frac{1}{7}u^7+c$$

第六步：把变量换回来，即在积分结果中把 u 换回 $x+3$，得到最终答案

$$\int(x+3)^6 dx=\frac{1}{7}(x+3)^7+c$$

分部积分法

如果被积函数是乘积的形式，我们常用分部积分的方法进行积分。公式如下：

$$\int u dv=uv-\int v du$$

下面，我们以积分 $\int x(\cos x)\,dx$ 为例介绍分部积分法。此题中我们令 x 为 u，$\cos x dx$ 为 dv，则积分式转化为标准形式。下

面我们计算微分 **du**，并找出合适的函数 **v**。因 $u = x$，求导得 $\frac{\mathrm{d}u}{\mathrm{d}x} = 1$，所以 **du = dx**；因 **dv = cos xdx**，积分可得 v 的表达式 $v = \int \cos x\ \mathrm{d}x = \sin x + c$。到此，我们得到了函数 u 和 v 的表达式，以及它们的微分 **du** 和 **dv**，代入公式 $\int u\mathrm{d}v = uv - \int v\mathrm{d}u$，得到积分为

$$\int u\mathrm{d}v = x(\sin x + c) - \int(\sin x + c)\mathrm{d}x$$
$$= x \sin x + \cos x + k$$

有理函数积分法

如果被积函数是一个有理函数，我们可能需要通过裂项把函数分解成部分分式之和后再逐个积分求和。当分母（分数线以下部分）内有变量时，积分可能会得到对数函数。不过，这也还算简单：$\int \frac{1}{x}\mathrm{d}x = \ln x + c$。例如，考察有理函数 $\frac{3x+11}{x^2-6}$ 的积分。首先，裂项为部分分式之和 $\frac{4}{x-3} - \frac{1}{x+2}$，然后对之积分 $\int(\frac{4}{x-3} - \frac{1}{x+2})\mathrm{d}x$。结果为 **4ln(x–3)–ln(x+2)+c**。

数值积分（矩形法）

上述 **5** 种方法称为解析法。但是，鉴于可选择的方法不少，从中择优的技巧不易掌握，所以，通过电脑编程来计算积分解析式的难度很大。更何况，有一些函数用上述方法还积不出来，它们主要来自物

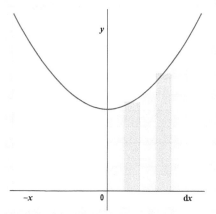

数值积分运算中，曲线下方面积被近似分割为有限个条形矩形的面积之和。这些长条越细长，矩形的面积和与曲线下方的真实面积越接近，当然，计算量也越大。

理学、生物学和工程学。

幸运的是，即使算不出积分解析式，我们常常也能算出积分值：数值积分。计算积分值相较于求积分解析式要容易些，而且并不需要太多的技巧。这也就意味着，计算数值积分时，比较容易写出（程序化的）积分步骤，从而便于利用编程通过计算机计算积分值。当然，这个积分的过程会含有大量枯燥冗长的计算，但是所幸，计算机基本上都能完成。因此，只要函数是能进行积分运算的，人们都会用之前介绍的方法求出其积分解析式。而无论函数怎样，计算机总是会去计算积分数值。

通过解析法得到的积分是一个函数表达式（称为不定积分）；如果需要，我们代入合适的数值，就能得到想要的积分值（称为定积分）；而通过数值积分的方式可以直接得到积分值。也就是说，数值积分的计算结果其实就是定积分。

如果画出被积函数的图像，那么数值积分变得可视化，即为函数曲线的下方图形的面积。

数值积分的思路是：用多个你知道其面积的形状去平铺考察的区域，求出这些形状的面积，再求和，即为考察区域的面积（或面积的近似值）。当然，你可以选择各种各样的形状，但是选择并固定一种形状，再用其简单的形变形状去平铺，要简便很多。

人们在尝试过多种形状之后，发现最简单的形状是矩形。

下面举例计算函数 $f(x) = 0.01x^2 + 0.1x + 100$ 在 $x=0$ 和 $x=100$ 之间的曲线下方区域的面积。

首先，我们考察一下，$f(x)$ 的下方区域需要用多少个长条矩形来覆盖。当然，矩形用得越多（越细），误差越小，即矩形的面积和越接近真实圆形的面积。鉴于不是使用不知疲倦的计算机计算，为了便于操作，我们用 5 条矩形长条覆盖该区域（稍后，我们将计算此时的误差）。

误差较小的方式是函数曲线恰好依次通过每个矩形上底的中点，即每个矩形以中点的函数值为高。下表罗列了右图中各个矩形长条上底的左端点、中点和右端点的横坐标。

序号	左端点	中点	右端点
1	0	10	20
2	20	30	40
3	40	50	60
4	60	70	80
5	80	90	100

接下来，我们需要计算各个矩形的高。这可以通过把上表中相应的中点坐标代入函数的表达式 $f(x) = 0.01x^2 + 0.1x + 100$ 中计算得到，如下所示。

x	$f(x)$
10	102
30	112
50	130
70	156
90	190

最后，我们只需要轻松计算出每个矩形的面积，再将这些数加起来即可。每个矩形条带的宽为 20，高分别依上表可查。于是，矩形的面积和为 $(20 \times 102) + (20 \times 112) + (20 \times 130) + (20 \times 156) + (20 \times 190)$，利用分配律，即为 $20 \times (102 + 112 + 130 + 156 + 190)$，等于 13800 个平方单位。

此例的被积函数较为简单，我们也可以直接求取函数 $f(x) = 0.01x^2 + 0.1x + 100$ 的不定积分，代入区间端点值 0 和 100，得到定积分，以确认矩形面积和与准确值的误差。

$$\int_0^{x=100} f(x)\mathrm{d}x = [\frac{0.01x^3}{3} + \frac{0.1x^2}{2} + 100\,x + c]\Big|_0^{100}$$
$$= (\frac{0.01 \times 100^3}{3} + \frac{0.1 \times 100^2}{2} + 100 \times 100 + c)$$
$$- (\frac{0.01 \times 0^3}{3} + \frac{0.1 \times 0^2}{2} + 100 \times 0 + c)$$
$$\approx 13833$$

可见，误差大概是 33 个平方单位。

为了整理出用上述矩形法计算定积分的一般公式，我们关键需要描述清楚每个矩形条带的面积。设积分区间的左端点为 $x = a$，右端点为 $x = b$，我们把区间 $[a, b]$ 等分成 n 段，则每一段的长度为 $\frac{b-a}{n}$。若如之前 $n = 5$ 的情形，记从左至右，矩形下底的端点（即区间 $[a, b]$ 的分割点）依次为 $x_0, x_1, \cdots, x_5$。所以，每个矩形下（或上）底中点的横坐标为 $(x_0 + x_1)/2$，$(x_1 + x_2)/2$，$\cdots$，$(x_4 + x_5)/2$，相应的函数值 $f[(x_0 + x_1)/2]$，$f[(x_1 + x_2)/2]$，$\cdots$，$f[(x_4 + x_5)/2]$ 即为对应矩形的高。对于一般的 n 段情形，只需要延续上述的方法，从左到右写出每个中点坐标和它的函数值，最后一个中点的横坐标为 $(x_{n-1} + x_n)/2$。

对一列数求和的运算符号为 Σ（一个大写希腊字母，小写为 σ，表示求和运算）。

对 n 个数求和，可以记为 $\sum\limits_{k=1}^{n}$，其中 k 表示记数，从 1 到 n。

因此，对上述矩形长条的面积求和，可以记作 $\sum\limits_{k=1}^{n} \frac{b-a}{n} f(\frac{x_{k-1} + x_k}{2})$。

术语表

系数

变量之前的常数。如在方程 $6 = 3x$ 中，3 为一个系数。

复数

一个形如 $a + bi$ 的数，其中 a 和 b 为实数，i 为虚根 $\sqrt{-1}$ 。

猜想

一个被提出但未被证明的数学陈述。一旦被证明，将变成一个定理。

常数

在等式中固定不变的量。在直线 $y = mx + c$ 的表达式中，c 是常数，m 是系数，而 x 和 y 为变量。

坐标

一组数，以确定点的位置。

三次方程

由三次多项式构成的方程，如 $x^3 - 4x^2 + 1 = 0$ 。

（多项式的）次数

一个多项式中所有单项式指数的最大值，如多项式 $x^7 - 3x^4 = 0$ 的次数为 7。

微分方程

含有未知函数及其导数的方程，如 $\dfrac{\mathrm{d}N}{\mathrm{d}t} = rN\left(1 - \dfrac{N}{k}\right)$ ，物理学、生物学、化学和经济学中的许多定律都写成了微分方程的形式；上面的例子给出了兔子或其他动物的数量 (N) 随时间 (t) 的变化，以及其与它们的繁殖率 (r) 和生菜的可利用量 (k) 之间的关系。

微分

求某物变化率的一种方法。例如，汽车的加速度可以通过对其速度求导得到。

指数

一个数字或表达式，表示底数自乘的次数，生成另一个幂形式的数字或表达式。如 2^{2n} 表示 2 自乘 $2n$ 次。

函数

一个对应关系，你可以把输入代入后得到输出，比如 $y = x^2$。其中 x 在这里表示输入，y 表示输出。所以，如果输入 $x=2$，得到的输出是 $y=4$。

整数

像这样的一列数：-3，-2，-1，0，1，2，3，…

积分

微分的逆运算，可以用于计算（平面）曲线下方图形的面积，或实心物体的体积。

无理数

不能用比率（分数）表示的数。

有理数

可以表示为比率或分数的数。

自然数

如下可以一个一个数出来的数：0，1，2，3，4，…

多项式

一个数学表达式，只包含变量、系数、指数、常数，以及加法、减法和乘法运算（虽然不一定是每个多项式都包含这 3 种运算）。"多项式"（英文为

polynomial）的字面意思即为"很多数"。

素数

只能被自身或 1 整除的数。

实数

想象一条直线，上面标有无数个数，中间是数 **0**，数 **1，2，3** 等写在 **0** 的右边，数 **–1，–2，–3** 等写在它的左边。虽然像 **1/2** 这样的分数没有明确标示出来，但是你可以知道它们在直线上的位置。像 $\sqrt{2}$ 这样的无理数在直线上也有其位置，尽管它们的位置并不确切知道 ($\sqrt{2}$ 在 **1.414** 和 **1.415** 之间)。超越数，比如 **π**，在直线上也同样有自己确定的位置。这就是实数轴，上面的每一个位置都对应一个实数。) 但是虚数 (基于虚根 $i = \sqrt{-1}$ 扩充的非实数) 并不在实数轴上。

定理

一个有趣的或有用的已被证明为正确的数学陈述。

超越数

无法从 (整系数) 方程中精确计算出来的数，如 **π** 是一个超越数。尽管有一些级数可以给出 **π** 达到任何精度要求的近似数，但它们是无限长的，因此永远无法给出精确的答案。

变量

方程中代表不确定量的字母，可以取很多不同的值。